교양으로서의 와인

교양으로서의
와인

와타나베 준코 지음
강수연 옮김

GREENCOOK

고이즈미 전 총리에게 내었다가 논란이 된 화이트와인

2006년 미국을 방문한 일본의 고이즈미 전 총리와 부시 전 대통령의 친밀한 모습을 전 세계 미디어가 기사로 다루었다. 부시 대통령은 엘비스 프레슬리의 엄청난 팬인 고이즈미 총리를 테네시주 멤피스에 있는 엘비스 저택으로 안내했다. 너무나 기뻐서 들뜬 고이즈미 총리와 그 모습에 당황한 부시 대통령의 모습을 워싱턴포스트가 은근히 비꼬면서 보도한 것이 인상적이었다.

　그 전날 백악관에서는 고이즈미 총리를 환영하는 공식 만찬이 열렸다. 만찬에는 클로 페가스(Clos Pegase)가 생산하는 화이트와인 「미츠코즈 빈야드(Mitsuko's Vineyard)」가 서빙되었다. 클로 페가스는 캘리포니아주 나파 밸리 북쪽에 펼쳐진 칼리스토가 지역에 1984년 설립된 와이너리다. 와인 이름에 「미츠코」가 붙은 데서 알 수 있듯이 오너 부부의 부인이 일본인이다. 맛도 좋지만 일본인이 만든 와인이라는 점에서 환영의 의미를 나타냈다고 생각한다. 이런 배려 때문에 고이즈미 총리는 최고의 대접을 받았다고 생각할 것이다.

그런데 이 친밀한 미일 관계에 대해 어느 인터넷 사이트에서 의문을 제기했다.

「고이즈미는 환영받지 못했다. 왜 마야를 내놓지 않았는가.」

「마야(Maya)」란 일본 여성이 오너를 맡고 있는 달라 발레 빈야드(Dalla Valle Vineyard)라는 와이너리에서 생산하는 와인이다. 마야는 최상급 포도로 만들어지는 고품질 와인이며, 달라 발레 빈야드의 간판 와인으로 불리는 특별한 와인이다. 옥션에서도 인기가 있고, 와인 평론가 로버트 파커가 100점 만점을 준 최상급 와인이기도 하다.

물론 가격이 비싸서 만찬용 와인으로는 예산 초과였을지도 모른다. 하지만 사르코지 전 프랑스 대통령의 만찬에서는 마야에 대적할 만한 와인인 「도미너스(Dominus)」가 서빙되었다. 도미너스는 프랑스를 대표하는 최고급 와인 샤토인 페트뤼스(Petrus)의 오너가 캘리포니아 나파에서 만드는 고급와인이다. 사정이 이렇다 보니 「양호한 미일 관계를 어필하려면 클로 페가스뿐 아니라 달라 발레 빈야드에서도 와인을 선택했어야 한다」는 논란이 생긴 것이다.

2014년에 미국을 방문한 올랑드 전 프랑스 대통령의 공식 만찬에서도 와인이 큰 논란을 일으켰다. 이 만찬에서는 당시 아직 무명이던 버지니아주의 스파클링와인이 서빙되었다. 그래서 잘 알려지지 않은 와인이 만찬자리에 나온 것을 안 프랑스 국민은 미국에 엄청난 야유를 퍼부었다.

그 무렵 올랑드 전 대통령은 유명 여배우와의 불륜으로 가십 기사가 떠들썩했고, 부인을 동반하지 않은 채 혼자 공식 만찬에 참석했다. 하지만 이런 가십 이상으로 프랑스 국민들은 와인에 흥미를 보인 것이다. 와인에 대한 프랑스 국민의 높은 관심이 정말 놀라웠다.

골드먼삭스가 「와인」을 배우는 이유

나는 10년 이상 뉴욕의 옥션회사인 크리스티스의 와인부문에서 와인 스페셜리스트로서 많은 경영자와 부유층을 상대했다. 그곳에서도 역시 와인이 서양에서 문화로 뿌리내렸다는 사실을 절실히 느꼈다. 미술이나 문학 등과 함께 중요한 교양 중 하나로 생활에 깊이 스며들어 있었다. 학교에서부터 비즈니스 분야까지 다양한 곳에서 와인 교육이 중시되고 있다.

물론 이는 와인 전통국인 프랑스나 이탈리아만의 이야기가 아니다. 영국의 명문대 캠브리지와 옥스퍼드에서는 60년 넘게 대학끼리 겨루는 블라인드 테이스팅 대회가 열린다. 블라인드 대결에 참가하는 학생들은 날마다 와인 정보를 익히고, 맛과 향을 기억하며, 포도밭과 빈티지(포도 수확년)에 의한 미묘한 차이를 배운다.

스위스의 보딩스쿨에서는 16세 여자아이들이 10대임에도 불구하고 이미 포도의 특징과 제조자의 스타일을 이해하고 있다. 와인이 필수과목으로 편성되어 10대부터 와인을 배우는 자리가 제공되는 것이다. 친구끼리 모이는 점심식사 장소에서도 식사와 잘 어울리는 좋아하는 와인을 각자 고른다(스위스에서는 법적으로 16세부터 와인 음주가 인정된다).

미국에서도 일류 비즈니스맨들은 다들 와인을 배운다. 와인은 단순한「술」이 아니라 글로벌하게 활약하는 비즈니스맨이 익혀야 할 세계 공통의 소셜 매너 중 하나로 여기고 있다.

　특히 세계 곳곳의 사람들이 모여든 뉴욕에서는 클라이언트를 접대할 때 테이블에 모이는 사람들이 모두 백인이라고는 한정짓지 않는다. 최근에는 아시아계나 인도계 사람도 비즈니스의 중심에 있다. 접대하는 주최자로서는 다른 백그라운드를 지닌 사람들에게 적절한 와인을 선택하여 제공하는 게 지극히 어려운 일이다.

　다만, 그런 자리에서 스마트하고도 적확하게 와인을 주문할 수 있다면 비즈니스를 유리하게 진행할 수 있다는 것은 틀림없다. 접대 받는 사람도 선택한 와인에 대해 재치 있는 코멘트를 할 수 있다면, 서로의 거리가 좁혀지고 연대감도 깊어질 것이다.

　와인에 대한 지식은 비즈니스를 원활하게 진행하기 위한 중요한 스킬이며, 높은 문화 수준을 겸비한 엘리트인지 아닌지를 판단하는 기준으로서의 역할도 한다.

내가 뉴욕 크리스티스에서 일할 때 골드먼삭스의 의뢰로 직원들에게 와인 강의를 한 적이 있다.

골드먼삭스 사원들에게는 우선 「최상급 와인」이 어떤 것인지 기억하게 했다. 와인에 익숙한 런던이나 유로존에서 일하는 엘리트들에게 주눅 들지 않으려면, 무엇보다 「일류 와인」을 아는 것이 선결 과제다. 보르도나 부르고뉴, 나파 등 일류 산지 및 제조자의 와인 시음회를 열어 일류 와인이란 어떤 것인지를 알게 했다.

또한 포도의 종류, 산지 등 와인에 대한 일반적인 지식뿐 아니라, 와인과 관련된 소소한 에피소드나 토막상식을 섞어 비즈니스 디너 등의 자리에서 도움이 될 만한 정보를 많이 포함시켰다.

마지막 강의를 하는 날, 참석한 사원이 「세계 제일의 사람들과 일을 진행하려면 좌뇌를 사용한 비즈니스 스킬과 우뇌를 사용한 와인 센스가 필요하다」라고 소감을 말했다. 핵심을 찌른 그 말이 지금도 강한 인상으로 남아있다.

와인은 최강 비즈니스 툴

교양으로서 와인을 숙지하는 일은 다양한 장르를 포괄적으로 배우는 것이기도 하다. 지리, 역사, 언어, 화학, 문화, 종교, 예술, 경제, 투자 등 와인 관련 지식은 각 분야에 두루 연관되어 있어서 와인을 즐기면서 국제적인 지식도 풍부하게 얻을 수 있다. 그렇게 다양한 지식은 커뮤니케이션 툴로서 큰 무기가 되기도 한다.

특히 서양에서는, 이런 지식은 최강의 도구가 된다. 정치와 종교는 물론 인종도 다양하고 사고방식도 제각각인 서양에서는 시사문제를 부담없이 화제로 꺼내기가 현실적으로 어렵다. 또한, 비즈니스 상황에서도 인사이더(내부자) 의식이 강해서 업무이야기도 꺼리는 경향이 있다.

이럴 때 무난하게 화제로 삼을 수 있는 것이 스포츠, 아트, 음악, 영화, 그리고 와인이다. 일상적으로 와인이 친숙한 서양에서는 특히 경영 고위직과의 대화일수록 우리가 생각하는 이상으로 와인이 화제로 올라온다.

외국에 주재하는 사람은 이 사실을 피부로 절실히 느낄 것이다. 그들은 한결같이 다들 와인을 배우려고 한다.

뉴욕의 고급 레스토랑에서는 한국의 대기업 전자회사 사원들이 테이블에 둘러앉아 고급와인을 즐기는 모습을 자주 본다. 그 가게의 소믈리에가 「회사원 5~6명이 자주 레스토랑을 방문해 저녁식사를 하면서 열심히 와인을 공부하고 있어요」라고 알려주었다. 아시아인인 그들도 미국에서 인맥을 넓히려면 와인이 필수불가결한 요소임을 잘 알고 있었던 것 같다.

게다가 와인은 상대방과 나눔으로써 그 존재 가치가 더욱 발휘된다. 와인 한 병을 공유하고, 감상을 서로 이야기하면서 연대감과 친근감

이 생긴다. 다음에는 이런 와인을 마시자, 다음엔 와인 좋아하는 친구를 소개하겠다는 식으로 점점 그 카테고리가 넓어진다. 말이 잘 통하지 않더라도 와인이라는 공통 언어가 있으면 서로의 거리가 좁혀진다. 와인은 다른 술과는 달리 사람과 사람을 연결하는 신기한 힘을 지녔다.

　나 자신도 와인을 통해 비즈니스와 개인적인 인맥을 크게 넓혔다고 생각한다. 와인 컬렉터로 유명한 마이클 록펠러, 경제지《포브스》의 오너 스티브 포브스와도 와인 모임에서 함께했다. 보통은 가볍게 이야기를 나눌 수 없는 구름 위에 존재하는 사람들도, 와인이 이어주는 인연으로 국적도 사회적 지위도 관계없이 한 테이블에 둘러앉아 공통의 즐거움을 서로 나눌 수 있다.

이처럼 와인은 비즈니스의 윤활유로서, 그리고 교류를 넓히는 도구로서 기능한다. 일본에서도 일류 비즈니스맨들은 이미 그 사실을 피부로 느끼고 와인을 배우고 있는 현실이다.

　만약 당신이 그들과의 식사 자리에 나온 와인에 대해 멋지게 한마디를 한다면, 그들을 위해 스스로 와인을 선택할 수 있다면…… 분명 지금까지의 관계 그 이상으로 진전될 것이다.

　이 책에서는 세계 표준의 최강 비즈니스 툴인 「와인」에 관한 지식을 초보자도 알기 쉽게 해설한다. 초보적인 지식은 물론, 역사나 와인에 관한 에피소드, 기본 지식 등 교양으로 익혔으면 하는 정보를 많이 담았다. 이 책 한 권으로 비즈니스맨으로서 최소한 익혀야 할 와인 지식을 거의 키버할 수 있을 것이다.

이 책을 계기로 「와인」이라는 최강 무기를 내 것으로 만들어, 국내외를 불문하고 깊은 교류를 쌓아 비즈니스에서 활약하는 분야가 더욱 넓어지기를 바란다.

와타나베 준코

Contents

와인 전통국 「프랑스」를 안다

세계를 매료시킨 화려한 보르도 와인의 세계

신에게 사랑받은 땅 부르고뉴의 매력

프랑스 와인의 개성 있는 명품 조연들

음식과 와인과 이탈리아

음식이 먼저인가? 와인이 먼저인가?

유럽이 자랑하는 노장들의 실력

알려지지 않은 신흥국 와인의 세계

미국이 탄생시킨 「비즈니스 와인」의 실력

진보하는 와인의 비즈니스화

미래를 책임질 기대가 큰 와인 생산지

와인 전통국
「프랑스」를 안다

세계를 매료시킨
화려한 보르도 와인의 세계

프랑스가 와인 대국이 된 이유

와인의 역사는 매우 오래되어서 6천 년이나 7천 년 전에 이미 존재했었다고 한다. 하지만 그 발상지는 명확하지 않다. 메소포타미아 문명 시대에 현재의 이라크 부근에서 수메르인이 최초로 와인을 만들었다는 설이 있는가 하면, 현재의 조지아(그루지야) 부근에서 가장 오래된 포도밭의 흔적이 발견되는 등 와인의 기원에 대해서는 지금도 여전히 다양한 억측이 난무한다.

어쨌든 기원전 5,000년 무렵의 유적에서는 와인 양조에 사용된 것으로 보이는 맷돌과 저장 항아리가 발견되었고, 사람들이 모여 와인을 마신 흔적도 발견되었다. 와인이 인류문명 발달에 적잖이 공헌한

기원전 1500년 무렵에 그려진 이집트 벽화. 상단에는 포도를 수확하는 모습이, 중앙에는 와인을 만드는 모습과 와인용 항아리가 그려져 있다.

것은 확실한 듯하다.

기원전 3,000년 무렵에는 와인이 이집트로 건너간다. 그리고 일반인들에게는 물 대신, 클레오파트라 등 왕족에게는 미용을 위한 것으로 각각의 생활에 스며들었다. 피라미드 벽면에도 와인 압착기와 저장용 항아리가 선명하게 그려져 있듯이, 이 무렵부터 와인이 서서히 생활에 밀착한 음료였음을 알 수 있다.

그 후 그리스에 전해진 와인은 대량 생산이 가능해지면서 지중해전역으로 확산되었다. 이런 배경 때문에 지금도 「와인의 기반을 만든 것은 고대 그리스인이다」라고 주장하는 그리스인이 많다고 한다.

와인 전통국 프랑스에 최초로 와인이 전해진 시기는 로마제국 시대였다. 이 보급에 지대한 공헌을 한 사람이 로마의 정치가이자 군인인 율리우스 카이사르이다.

로마제국의 힘이 커지면서 그 세력이 유럽 각지로 뻗어 나갈 때, 카이사르는 척박한 땅에서도 재배하기 쉬운 포도의 특징을 살려 원정지마다 포도나무를 심게 하였고 현지인들에게 와인 양조를 전수하였다. 먹을거리를 충분히 확보할 수 없었던 병사들을 위해 영양 보급원으로 각 원정지에 와인을 전한 것이다. 부르고뉴, 샹파뉴, 론, 남프랑스 등 로마군의 원정지가 유명 와인산지가 된 것은 결코 우연이 아니다.

그리고 와인의 존재 가치는 예수 그리스도의 등장으로 크게 달라진다. 예수는 「최후의 만찬」에서 「와인은 나의 피다」라는 유명한 말씀을 남겼다. 그 결과, 와인은 단순히 포도로 만들어진 술이 아니라 「성스러운 음료」로서 신성하고 귀중한 것으로 다루어지게 되었다.

기독교의 포교와 함께 와인은 순식간에 유럽 전역으로 퍼져 나갔다. 기독교의 세력이 커지자 각지에 교회가 세워졌고, 와인은 그리스도의 분신으로 교회의 미사에도 사용되어 교회와 수도원에서도 와인을 양조하게 되었다. 그래서 지금도 가톨릭교회의 총본산인 바티칸시국은 1인당 와인 소비량이 세계 1위다.

　유럽에서 르네상스와 종교개혁이 일어나는 시대로 접어들자 와인을 찾는 수요가 더욱 늘어났다.

　그 무렵 고급 샴페인 「돔 페리뇽(Dom Pérignon)」의 탄생 계기가 된 발포성와인이 우연히 만들어져 인기를 끌었다. 이 발포성와인의 판매 수입이 수도원과 교회의 운영에 도움을 주어 많은 종교예술이 탄생하였다. 그 결과 기독교 신자가 점점 증가했고 와인 수요도 한층 늘었다.

그리고 18세기에 들어서면서 와인은 유럽의 왕후와 귀족에게 사랑을 받아 크게 발전한다. 황제와 귀족들은 하나같이 고급와인을 찾았고, 화려한 궁정 문화를 와인이 장식하였다.

　프랑스의 왕후와 귀족들도 그들이 마시는 와인으로 자기의 존재를 노골적으로 과시했다. 패션과 헤어스타일로 과격하게 경쟁했듯이 와인 역시 남보다 조금이라도 고급스러운 것을 추구했다.

　당시 미국 공사로 프랑스에 주재했던 토머스 제퍼슨은 엄청난 와인 애호가로 유명했지만, 그가 좋아한 와인 「샤토 라피트(Château Lafite)」와 「샤토 디켐(Château d'Yquem)」은 이미 베르사이유 궁전에서 대량으로 주문하여 손에 넣기가 힘들었다고 한다.

　그때까지 주로 항아리나 용기에 보관하던 와인을 숙성 가능한 코르크 마개의 와인병에 보관하기 시작한 것도 이 무렵부터다. 와인은 서서히 가치 있는 「재산」이 되었고, 상류계급의 소유욕을 부추겼다.

와인 전통국의 브랜드를 지키는 「AOC」

이렇게 와인은 점점 그 수요가 늘어났다. 그와 더불어 프랑스에 가져다준 와인산업도 크게 성장하여, 지금은 프랑스가 자랑하는 대표 산업으로 세계를 사로잡고 있다.

그런데 왜 유럽 각지에 퍼진 와인이 유난히 프랑스에서 이토록 발전했을까? 여기에는 역사적인 과정과 지리적인 이유 등 다양한 요인이 숨어있는데, 가장 큰 이유는 프랑스가 국가적으로 와인의 품질과 브랜드를 법률로 지켜왔기 때문이다.

와인이 대표 산업이 된 프랑스에서는 법률로 와인의 품질을 엄격히 관리하였다. 1905년에는 생산지명의 부당 표시를 단속하는 법률을 제정했고, 1935년에는 산지의 브랜드를 지키기 위한 「원산지 통제 명칭법(AOC, Appellation d'Origine Contrôlée)」을 제정했다. 사용할 수 있는 포도 품종, 최저 알코올 도수, 포도의 재배와 선정 방법, 수확량, 와인 양조법, 숙성 조건까지 산지별 규칙을 상세하게 정했다.

AOC로 인정된 포도밭은 기후 조건에 인위적으로 손을 대는 것도 금지되어 강수량이 아무리 적어도 물을 줄 수가 없다. 그렇기 때문에 매년 그 해의 기후가 고스란히 완성도에 반영된다.

이렇게 국가의 엄격한 관리로 와인의 품질과 토지의 개성이 유지되어 전통국으로서의 브랜드를 지켜 온 것이다. 이런 규칙을 지킨 와인은 라벨에 AOC를 통과했다는 사실을 표기할 수 있으며, 국가 보증

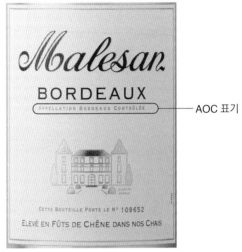

—— AOC 표기

AOC가 표기된 프랑스 와인의 라벨. 이것으로 생산 지역을 알 수 있다. ⓒGroupe Castel

와인으로 판매할 수 있다.

여기서 간단하게 프랑스의 AOC 표기 보는 방법을 살펴보자.

AOC의 기준을 충족한 와인은 라벨에 기재할 수 있지만, 그냥 「AOC」라고 쓰지 않는다. 라벨에는 「Appellation ○○ Contrôlée(아펠라시옹 ○○ 콩트롤레)」라고 기재되며, 「○○」 부분에 산지가 들어간다.

예를 들어, AOC에서 정한 보르도 지방의 규정을 통과한 와인이라면 「Appellation Bordeaux Contrôlée」라고 기재한다. 더불어 보르도 지방 메도크 지역의 규정을 통과하면 「Appellation Medoc Contrôlée」라고 기재할 수 있어, 기본적으로 지역이 좁아질수록 규정도 촘촘해지기 때문에 그 와인의 격이 높아진다.

또한 AOC에 반드시 지역명만 들어가는 것은 아니다. 마을 이름이나 포도밭 이름이 들어가기도 한다. 이럴 경우에는 지역이 보다 더 한정되기 때문에 격이 더욱 올라간다.

2008년에 유럽의 와인법이 개정되면서 그 이후에 만들어진 와인에는 「AOP」로 기재된 것도 있다. 「Appellation ○○ Protégée(아펠라시옹 ○○ 프로테제)」라는 표기다. 어쨌든 이들 표기가 있는 와인은 그 지역이나 마을, 포도밭의 이름을 내걸기 위한 조건을 만족시킨 질 높은 와인이라는 사실이다.

AOC와는 관계없지만, 와인에 따라서는 「VIEILLE VIGNE(비에유 비뉴)」라고 표기된 것이 있다. 이는 「수령이 높은 나무에서 채취한 포도를 사용했다」는 의미다. 와인은 어린 나무보다 오래된 나무에서 수확한 포도를 높게 평가하므로 이런 표기를 쓴다. 다만 「VIEILLE VIGNE」는 법률로 「○년 이상인 나무를 사용할 때 이렇게 표기한다」고 정해져 있지 않기 때문에 어디까지나 참고 정도로 보면 좋다.

최근 인기를 모으고 있는 「비오와인(자연주의와인)」의 경우에도 프랑스의 일부 비오와인에 「AB(AGRICULTURE BIOLOGIQUE)」 마크가 붙어 있어서 이 마크로도 구분할 수 있다.

왜 보르도 와인은 세계적으로 유명해졌는가?

이렇게 품질 좋은 와인을 탄생시킨 프랑스에는 유명 와인산지가 수 없이 많다. 보르도, 부르고뉴, 샹파뉴, 루아르, 알자스, 론 등 프랑스 전역에 걸쳐 많은 와인 생산지가 존재한다.

그 중에서도 특히 프랑스 와인을 말할 때 빼놓을 수 없는 곳이 보르도 지방이다. 와인을 잘 모르는 사람도 보르도라는 이름을 한 번은 들어봤을 것이다.

보르도는 고급 레드와인을 생산하는 프랑스 남서부의 최고급 와인 산지다. 「보르도＝고급 레드와인 산지」라는 인식은 세계적으로도 브랜드가 확립되었다.

현재 각국에서 개최하는 주요 와인 경매에도 출품되는 와인의 70% 이상은 보르도에서 태어난 레드와인이다. 보르도에는 포도밭이 끝없이 펼쳐져 있고 엄청난 생산량을 자랑하기 때문에, 경매시장에서도 보르도 와인이 유통되기 쉽다. 와인 경매장에서는 전 세계 컬렉터들이 눈에 불을 켜고 점찍어둔 보르도 와인을 차지하려고 서로 경합하는 모습은 이제 익숙한 광경이다.

90년대 중반부터 와인붐이 일어난 미국에서도 보르도 와인의 인기가 치솟아서 그 이후로는 경매가 열릴 때마다 세계 최고 낙찰가가 갱신될 정도이다. 내력이 확실한 와인이라면 언제 어디서나 매각할 수 있기 때문에 투자 목적으로 몇 케이스씩 구입하는 것도 보르도 와인의 특징이다.

보르도 와인의 시작은 로마제국 시대까지 거슬러 올라간다. 와인이 프랑스에 전해진 시기도 로마제국 시대였는데, 로마군은 보르도를 침략한 뒤 식량 확보를 위해 보르도에도 포도나무를 심고 적극적으로 포도를 재배했다.

보르도의 토양은 「자갈」이 많고 척박하지만 배수가 잘 되어 포도를 재배하기에 최적의 환경이다. 기후도 일조량도 포도 재배에 안성맞춤이다.

게다가 보르도의 중앙을 흐르는 가론강 덕분에 와인 수송도 편리했다. 당시 와인 생산에 필수적이 조건은 토양과 기후, 그리고 「와인 운송의 편리함」이었는데, 보르도는 그 조건을 모두 충족시켰다. 강이라 해도 가론강의 폭은 넓은데다가 수심도 대형 선박이 다닐 수 있는 깊이다.

1152년에는 당시 보르도 지방을 지배한 아키텐공(公)의 딸 엘레오노르가 잉글랜드 왕조를 세운 헨리 2세와 결혼하여 영국에도 보르도 와인이 전해졌다. 로열패밀리를 중심으로 품질 좋은 와인에 대한 수요가 생기자, 보르도에서는 와인을 바로 배에 실을 수 있게 양조장과 저장고를 강변에 세우는 등 와인 생산지로서 정비를 강화하였다.

이렇게 보르도에서는 이동 중에 발생하는 와인의 열화나 산화를

● **프랑스의 주요 와인 산지**

줄이는 데 성공했고, 다른 산지에서 골머리를 앓던 수송문제를 해결
하였다. 그 결과 대량의 보르도 와인이 알코올을 좋아하는 영국인에
게도 흘러들어가 경제적으로 큰 혜택을 받은 보르도에서는 와인 비
즈니스가 점점 발전하였다.

그 후 보르도 와인은 북유럽과 러시아에도 전해졌다. 북유럽의 로
열패밀리와 러시아 황제의 사랑도 받은 보르도 와인은 그 인기가 점
점 확산되었다.

보르도 와인과 네고시앙의 밀접한 연관성

보르도 와인을 매입하고 거래하던 네덜란드 상인도 와인 발전에 크게 기여했다. 동인도회사를 설립하여 아시아와의 무역으로 세력을 넓힌 네덜란드 상인들은 적극적으로 보르도 와인을 사들여 각 나라와 무역을 추진해나갔다.

또한, 네덜란드 상인들은 보르도에 관개 기술도 전수하여 보르도 곳곳에 펼쳐진 늪지대를 포도밭으로 바꾸었다. 현재 보르도에서 포도가 대량 재배되어 많은 와인이 생산되는 것은 당시 네덜란드인들이 포도밭을 늘려 대량 생산을 가능하게 했기 때문이다.

대량 생산으로 판매량이 늘어난 보르도는 단숨에 대도시로 성장하였다. 부유한 귀족들은 보르도에 모여들어 잇따라 와인 비즈니스를 시작했다. 와인산업으로 큰돈을 번 샤토(생산자)와 상인들이 상류계급 대열에 합류하면서, 보르도 지역 자체도 문화적으로 변해갔다.

일반적으로 와인을 「보르도 와인」으로 한데 묶어 부르다가 보다 질 높은 와인을 찾는 왕후와 귀족을 위해 샤토마다 브랜드가 생겼다.

각국의 왕후와 귀족들은 고급 샤토의 이름이 붙은 와인을 찾았고, 샤토도 그들에게 와인이 비싸게 팔리도록 판매를 아웃소싱하였다. 그래서 와인 거래를 전문으로 맡은 회사 「네고시앙」이 탄생하였다.

샤토는 계약한 네고시앙에게 독점판매권(엑스클루시브, exclusif)을

● **보르도 와인의 유통 경로**

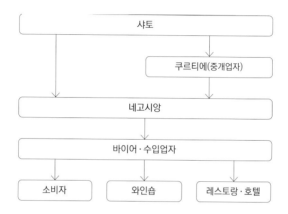

주어 샤토의 와인을 전부 네고시앙을 통해 판매하는 시스템을 만들었다.

인기 샤토나 중견급 샤토의 수출·판매를 담당하는 네고시앙과 쿠르티에는 인기 사업이 되었다. 네고시앙은 샤토의 중매인, 쿠르티에는 샤토와 네고시앙을 연결하는 중개인 같은 역할이다.

당시의 네고시앙은 샤토의 세일즈와 마케팅까지 전부 도맡아 하는 프로듀서로서의 측면도 있었다. 병입, 라벨 부착, 운송 준비, 그리고 고객의 요구에 따라 샤토별로 와인을 블렌딩하여 판매하는 일도 했다. 블렌딩하여 병입한 와인에 네고시앙의 독자적인 라벨을 붙여 특별한 와인으로 팔기도 했다. 이 시기에 네고시앙의 입지는 대단했다.

현재 보르도에는 약 7,500개의 샤토, 약 400개의 네고시앙, 그리고 쿠르티에는 130개 정도 있다. 지금도 네고시앙은 각 샤토로부터 할당 개수(알로케이션, allocation)를 받아 독자적인 판매망으로 도매를 한다.

이렇게 보르도에서는 네고시앙이 와인을 관리하고, 각국에 판매하는 시스템을 갖추었다. 이들과 손잡은 보르도는 천혜의 입지 조건도 살려서 와인 수출로 크게 발전해나갔다.

나폴레옹 3세에 의해 탄생된 「보르도 5대 샤토」

19세기 중반 보르도 와인을 세계에 널리 알린 역사적인 사건이 있었다. 바로 「메도크 등급」이다. 현재 보르도에서는 지역마다 샤토에 등급을 매겨 우열을 가려놓았다. 즉 메도크 등급이란 메도크 지역에 있는 샤토를 서열화한 것으로, 레드와인을 생산하는 샤토를 1~5등급 5개의 등급으로 분류하였다.

메도크 지역은 보르도시에서 북쪽으로 길게 뻗은 지역으로, 프랑스에서도 고급와인 생산지에 해당한다. 정확하게는 메도크와 오메도크라는 산지로 나뉘지만, 일반적으로는 두 지역을 합쳐 메도크라 부른다. AOC 표기에서도 흔히 볼 수 있는 마고(Margaux), 생쥘리앙(Stsaint-Julien), 포이약(Pauillac) 등의 코뮌(마을)도 이 지역에 있다.

메도크 등급은 1855년에 열린 파리세계박람회에서 정해졌다. 전

샤토 라피트 로쉴드

세계에서 모여든 사람들에게 나폴레옹 3세가 메도크 지역에서 생산한 보르도 와인에 등급을 매겨 소개하였다. 등급판단기준은 와인의 품질은 물론 당시 샤토의 규모와 유통량 등으로 정해졌다.

700개에서 1,000개의 샤토가 후보에 오른 가운데, 샤토 라피트 로쉴드(Château Lafite Rothschild), 샤토 마고(Château Margaux), 샤토 라투르(Château Latour), 샤토 오브리옹(Château Haut-Brion) 등 4개 샤토가 최고 등급인 1등급에 선정되었다.

샤토 라피트 로쉴드는 프랑스에서 가장 역사가 깊은 샤토 중 하나다. 이미 1670년대에 포도 재배와 와인 양조를 본격적으로 했으며, 그 긴 역사 속에서 많은 라피트 애호가를 배출하였다.

　　루이 15세의 애첩 퐁파두르 부인이 궁에서 부르고뉴 와인을 금지시켰을 때(자세한 내용은 p.70), 베르사이유 궁전에서 젊음을 되찾아주는 회춘 음료로 큰 인기를 누린 것도 이 라피트였다.

　　또한, 미국의 제3대 대통령이었던 토머스 제퍼슨도 열렬한 라피트 애호가로 알려져 있다. 20세기 후반에는 제퍼슨이 소유했다고 알려진 1787년산 라피트가 발견되어 그 진위를 둘러싼 엄청난 논쟁이 벌어졌다. 이 소동은 후에 할리우드 스타 윌 스미스가 영화화 판권을 사서 매튜 맥커너히를 주연으로 제작이 진행되었으나, 가짜 와인을 산 미국의 대부호가 자신의 명예를 위해 권리를 사들여 영화화는 보류되었다.

샤토 마고도 많은 유명인들에게 사랑받은 역사가 오래된 샤토다. 아키텐(Aquitaine, 현재 보르도 주변)이 잉글랜드의 영지였던 시대(12세기 무렵)에 마고는 역대 잉글랜드 왕에게 사랑받으며 그 품질을 높여갔다.

　　베르사이유궁에서도 마고의 인기는 높아서 궁 안에서는 라피트파와 마고파로 나뉠 정도였다. 퐁파두르 부인이 라피트를 좋아했던 반면, 다음 애첩인 뒤바리 부인은 궁에 마고를 들이려고 경쟁을 벌였던 것 같다.

　　마고는 그 맛과 샤토의 풍미에서 여왕의 분위기를 풍긴다. 골격은 단단하지만 입에 닿는 느낌은 벨벳이나 실크처럼 부드러운 것이 특징

샤토 마고

이다. 그런데 어릴 때는 힘차고 파워풀한 맛으로 남성적인 와인으로
불리지만, 숙성하면서 몸가짐이 얌전하고 우아한 여성적인 와인으로
변모한다.

샤토 라투르는 현재 구찌의 오너이자 옥션회사 크리스티스의 오너
이기도 한 프랑수와 피노의 회사가 소유하고 있다.

풍부한 자금력을 지닌 라투르는 최신 시설과 기술을 갖추고 있어
컴퓨터로 온도를 관리하거나, 탱크에 따라 맛의 편차가 생기지 않도
록 초대형 탱크에서 한꺼번에 블렌딩 등을 한다.

참고로 말하면, 크리스티스의 오너가 라투르를 소유하고 있기 때
문에 크리스티스 사무실에는 라투르가 항상 준비되어 있었다. 그래

샤토 라투르

서 스태프가 테이스팅을 핑계로 곧잘 라투르를 마시며 점심을 먹었는데, 지금 생각해보면 내 생애 가장 호화로운 점심이 아니었나 싶다 (샌드위치에 라투르를 함께 마신 것은 와인 관계자로서 해서는 안 될 행위였다고 반성하고 있지만⋯⋯).

　샤토 오브리옹은 선정된 4대 샤토 중 유일하게 심사 대상인 메도크 지역의 샤토가 아니었다(샤토가 그라브 지역의 페삭−레오냥에 있다). 하지만 1500년대부터 와인을 양조했던 유서 깊은 샤토로서 예외가 인정되었다.

샤토 오브리옹

현재 샤토 오브리옹은 룩셈부르크 왕실이 소유하고 있다. 최근에는 이 샤토에서 1423년에 포도가 재배되었다는 기록이 발견되어 가장 역사적인 샤토로도 화제가 되었다.

이 등급은 150년이 지난 지금도 거의 변경 없이 유지되고 있지만, 1973년에 큰 변화가 있었다. 2등급이었던 샤토 무통 로쉴드가 1등급으로 승격된 것이다.

영국계 로쉴드 가문이 1853년에 인수한 무통 로쉴드는 품질도 규

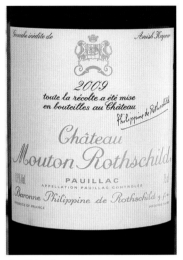

샤토 무통 로쉴드

모도 나무랄 데가 없어서 파리세계박람회 등급 선정시 분명 1등급을 예상했었는데도 2등급으로 선정된 이유는 등급 선정 직전에 영국인 소유였다는 것이 크게 작용했기 때문이라고 알려졌었다.

그러나 2등급에 만족하지 못한 로쉴드 가문의 당시 오너 필립 남작은 포도 재배와 양조 방법을 철저히 개선하고 정치가들에게 적극적인 로비 활동을 펼쳤다. 그리하여 마침내 1973년 보기 좋게 1등급으로 승격되었다.

무통 로쉴드는 옥션에서도 많은 전설을 남겼다. 2004년에는 LA에서 열린 크리스티스 경매에 금세기 최고의 걸작이라는 1945년산 무통 로쉴드가 나무상자째(12병들이) 출품되었다. 내력은 나무랄 데 없이 양조되었을 때부터 줄곧 샤토에서 보관된 최고의 조건을 겸비한 명품이었다.

경매 당일에는 아침부터 이 와인을 낙찰 받으려는 바이어들의 열기로 뜨거웠다. 그 결과, 낙찰봉이 울린 가격은 예상가를 훨씬 뛰어넘은 30만 달러였다. 새로운 최고 낙찰가가 기록된 순간이다.

그러나 그것만으로 끝나지 않았다. 뒤이어 출품된 같은 상표의 매그넘병 6개들이 나무상자는 무려 35만 달러에 낙찰되었다. 무통 로쉴드는 1회 경매에서 기록을 2번 갈아치우는 위업을 달성하였다. 2004년 당시에는 모든 미디어가 「Crazy」라고 했지만 지금은 그 가격을 훨씬 웃도는 값에 거래되고 있다.

나도 운 좋게 45년산 무통을 마실 기회가 있었는데, 와인의 맛이란 이토록 변화무쌍하다는 사실을 다시 한 번 일깨워준 한 병이었다.

공기에 접촉시키기 위해 글라스를 한 번 돌렸을 뿐인데 향도 맛도 달라졌다. 어느 맛이 진정한 무통 45년인지 모를 정도로 다양한 얼굴을 보여준 와인이었다.

무통 로쉴드를 포함한 이들 5개 샤토는 「보르도 5대 샤토」로 불린다. 5대 샤토는 다른 샤토는 따라올 수 없는 역사와 절대적인 품질을 갖추고 있다.

오랜 역사 속에서 레전드라 불리는 걸작 와인을 남긴 것도 5대 샤 토의 특징이다. 1945년 무통을 시작으로, 1870년과 1953년의 라피트, 1900년 마고, 1961년 라투르, 1945년과 1989년의 오브리옹. 어느 와 인이든 전 세계 수집가들이 탐내는 걸작이다.

참고로 말하면 2등급에는 14개의 샤토가 선정되었다. 2등급이라 해 도 슈퍼 세컨드로 불리며 1등급에 가까운 품질을 자랑하는 샤토도 있 다. 「샤토 피숑−롱그빌 콩테스 드 랄랑드(Château Pichon−Longueville Comtesse de Lalande)」, 「샤토 레오빌 라스 카즈(Château Léoville Las Cases)」, 「샤토 코스 데스투르넬(Château Cos d'Estournel)」 등이 선정 되었고, 이들 와인도 경매에서 인기가 많다.

특히 평론가가 극찬했던 1982년 피숑−롱그빌 콩테스 드 랄랑드 는 매년 낙찰가가 10~20%씩 오르고 있다. 아무리 기술이 발달해도 1982년산과 동일한 와인을 만들 수 없기에 필연적으로 가격이 점점 오르는 것이다.

포도나무 한 그루에서 와인 한 잔!?
귀부와인의 유명산지 소테른

보르도에는 메도크 지역 외에도 유명산지가 여러 곳 있다. 보르도를 흐르는 가론강은 시의 북부에서 도르도뉴강과 합류하여 지롱드강이 되어 대서양으로 흘러든다. 그 유역을 따라 포도밭이 펼쳐져 있다.

● **보르도의 주요 생산 지역**

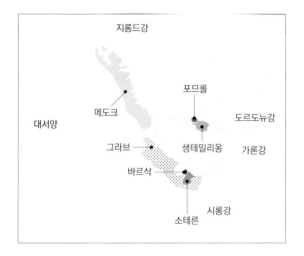

지롱드강 왼쪽에는 메도크 지역이, 가론강 왼쪽에는 그라브 지역, 바르삭 지역, 소테른 지역이, 도르도뉴강 오른쪽에는 생테밀리옹 지역과 포므롤 지역이 있다.

가론강 왼쪽에 있는 그라브 지역은 양질의 와인을 생산하는 산지중 하나다. 그라브(Grave)라는 지명은 프랑스어「자갈(gravier)」에서유래했으며, 자갈질 토양에서 만들어진 그라브 와인은 과일맛이 풍부하고 힘찬 맛이 특징이다. 그라브 지역에는 메도크 지역이 아닌 곳에서 유일하게 5대 샤토에 선정된 샤토 오브리옹을 비롯한 유명 샤토가 여럿 있다. 레드든 화이트든 양질의 와인을 만드는 세계적으로 귀한 생산지로도 유명하다.

같은 가론강 왼쪽에는 귀부와인의 산지 소테른 지역도 펼쳐진다. 소테른은 가까이 흐르는 시롱강과 가론강의 온도 차이 때문에 새벽에 안개가 생긴다. 이 새벽안개 때문에 포도에 부착된 귀부균이 포도껍질을 뚫고 수분을 흡수하여 당분만 남은 포도가 만들어진다.

겉보기에는 그다지 맛있을 것 같지 않지만, 그 달콤함은 입에 녹는 듯한 최고의 단맛이다. 어떤 파티시에라도 표현하지 못하는 이 극상의 단맛을 지닌 포도로 만든 귀부와인은 바로 자연이 빚어낸 기적의 걸작이라 할 수 있다.

소테른에도 독자적인 샤토 등급이 있다. 「프리미에 크뤼 쉬페리외르(Premier Cru Supérieur)」, 「프리미에 크뤼(Premier Crus)」, 「두지엠 크뤼(Deuxièmes Crus)」 순으로 등급을 매기는데, 소테른에서 유일하게 최고 등급인 프리미에 크뤼 쉬페리외르를 받은 와인이 샤토 디켐(Château d'Yquem)이다.

샤토 디켐의 역사는 15세기까지 거슬러 올라간다. 오랜 역사를 거치면서 디켐의 소유권을 두고 영국과 프랑스가 서로 다툰 적도 있었다. 백년전쟁에서 프랑스가 승리한 후 1453년에는 디켐의 소유권이 프랑스 국왕 샤를 7세의 수중으로 들어간다. 그 후 디켐은 국가가 소유한 시기가 오래 지속되었다.

최고급 귀부와인 디켐.

하지만 1711년 국왕으로부터 디켐의 관리와 공동 소유를 인정받은 소바주 가문이 디켐의 권리를 모두 사들였고, 그 후에는 뤼르 살뤼스 가문이 단독으로 소유했다. 그래서 디켐의 라벨에 오랫동안 뤼르 살뤼스라고 표기되었으나, 1999년에 LVMH(루이비통 모엣 헤네시) 그룹으로 들어가 2001년산부터 표기가 「Sauternes(소테른)」으로 바뀌었다. 참고로 2001년산은 1921년산 이후의 걸작으로 평가 받는 기념할 만한 빈티지다.

디켐의 토지는 귀부와인이 만들어질 수밖에 없는 조건을 모두 겸비한 테루아(포도가 자라는 자연환경)가 갖춰져 있어서, 포도나무 한 그루에서 글라스 1잔밖에 만들지 못하는 희소성 높은 귀부와인을 연간 약 10만 병이나 생산한다. 포도도 송이째 수확하지 않고 한 알 한 알 손으로 따며, 심지어 150명 이상의 숙련자가 귀부균이 달라붙은 상태를 확인하면서 여러 번에 걸쳐 수확한다. 세계 최고로 불리는 이 감미로운 맛의 무대 뒤에는 엄청난 노력이 필요한 작업이 이루어지고 있다.

디켐의 귀부와인은 해를 거듭할수록 색이 밀짚색에서 호박색으로 변해간다. 파리 라파예트 백화점의 와인숍에는 1899년부터 거의 모든 빈티지의 디켐이 진열되어 있어 색의 변화를 확인할 수 있다. 자연의 힘이 빚은 귀부포도로 최고의 단맛을 자아낸 와인이 해를 거듭하며 바뀌는 모습을 보고 있으면, 인간의 힘으로는 도저히 디디를 수 없는 자연의 신비를 느끼게 된다.

세계에서 가장 아름다운 와인 생산지 생테밀리옹

도르도뉴강 오른쪽에 있는 생테밀리옹 지역의 생테밀리옹 마을은 1999년에 와인산지로는 처음 세계 유산에 등재된 아름다운 산지다. 포도밭이 끝없이 펼쳐져 있고 마치 시간이 멈춘 듯 중세의 분위기를 고스란히 간직하고 있다. 예로부터 성지순례를 할 때 들르는 숙소마을로 번성했으며, 인구가 2,800명 정도임에도 불구하고 이곳에는 수

백의 생산자가 밀집해 있다. 그야말로 와인과 함께 성장한 마을이라 할 수 있다.

생테밀리옹의 샤토 등급은 최고 등급인「프리미에 그랑 크뤼 클라세(Premiers Grand Crus Classé)」와 그 아래 등급「그랑 크뤼 클라세」가 있다. 생테밀리옹의 샤토로 말하자면, 이 등급에서도 최상위에 있는「슈발 블랑(Cheval Blanc)」과「오존(Ausone)」이 유명하다. 둘 다 세계적으로 널리 알려진 고급 샤토다. 메도크 5대 샤토와 함께 이 슈발 블랑과 오존, 그리고 뒤에 소개하는 페트뤼스(Petrus)를 합한 8개 샤토를「Big 8」라고 부르는데 와인 관계자들로부터도 인정 받는 존재이다.

1832년 생테밀리옹에서 창업한 슈발 블랑은 현재는 LVMH 그룹에 속한 모던하고 아름다운 샤토다. 주로 자갈로 덮인 토양에서 카베르네 프랑 품종을 중심으로 메를로 품종과 블렌딩하여 밸런스가 좋은 와인을 만든다.

수많은 명품을 낳은 슈발 블랑인데, 특히 1947년산은 앞으로도 두고두고 사람들 입에 오르내릴 와인 역사에 남을 전설적인 와인 중 하나이다. 고급와인 열풍이 불었던 2005년 무렵에는 엄청난 인기로 경매측조차 낙찰가를 예상하지 못할 정도였다.

이때 옥션회사가 고육책으로 내놓은 가격이「Estimate on request(맡기겠습니다. 가격은 원하는 대로)」였다. 보통은 낙찰 예상가보다 약간 낮은 가격에서 경매가 시작되는데, 슈발 블랑은 참가자가 시작가를

생테밀리옹 지역의 고급와인 「슈발 블랑」.

결정하게 한 것이다. 1947년산은 11만 병이나 생산되었지만 현재는 품귀 상태여서 아주 손에 넣기 어려운 상황이다.

참고로 이 슈발 블랑을 일약 유명하게 만든 것이 영화 「사이드웨이 (Sideways)」였다. 아카데미상과 골든글로브상을 수상한 영화로, 슈발 블랑을 무척 좋아하는 주인공이 애지중지 보관하던 1961년산 슈발 블랑을 패스트푸드점에 가져가 플라스틱컵에 마셔버리는 장면이 인상적이다.

생테밀리옹 마을에는 샤넬이 소유한 샤토 카농(Château Canon)도 있다. 마을에 광활한 포도밭을 소유한 샤토 카농은 약 500년 동안 같은 밭에서 포도를 재배한 오랜 역사를 자랑하는 샤토다.

그 포도밭의 약 10m 지하에는, 그 옛날 생테밀리옹의 샤토를 만들기 위해 돌을 캐내 30㎞에 달하는 긴 지하 회랑이 펼쳐져 있다. 생테밀리옹의 역사를 말해주는 이 지하 회랑은 지금은 그 임무를 끝내고 고요하고 엄숙한 공기만이 흐르고 있다.

샤토 카농이 지닌 의젓한 고귀함은 생테밀리옹을 떠받치고 있는 이 지하 회랑에서 뿜어져 나오는 엄숙한 공기도 하나의 요인이라 할 수 있다. 샤토 카농을 비롯한 프랑스에 오래 전부터 이어져온 역사적인 샤토는 그곳에 존재하는 것만으로도 압도적인 위엄을 풍기는 상류층의 상징이 되고 있다.

보르도의 걸작 「페트뤼스」와 「르 팽」

생테밀리옹과 마찬가지로 도르도뉴강 오른쪽에 있는 포므롤 지역은 일류 와인을 이야기할 때 빼놓을 수 없는 생산지역이다. 포므롤에서는 메를로 품종을 메인으로 한 향이 짙고 우아한 와인을 만들며, 인구 1천 명도 안 되는 작은 마을에 최고 수준의 샤토가 여럿 있다.

그 중 하나가 「페트뤼스(Petrus)」이다. 1878년에 열린 파리세계박람회에서 금메달을 차지하며 세상에 알려졌다.

페트뤼스의 라벨. 위에는 천국열쇠를 든 성 베
드로의 모습이 그려져 있다.

　페트뤼스는 영어로「피터」에 해당하는 라틴어로, 예수의 12사도 가
운데 중요한 존재인「성 베드로」를 말한다. 그래서 라벨에 예수에게
받은 천국열쇠를 들고 있는 성 베드로의 모습이 그려져 있다.

　당시 메도크 지역 등이 있는「왼쪽」지역에 비해「오른쪽」지역은 명성도 품질도 상당히 뒤쳐져 있었지만, 페트뤼스의 출현으로 오른쪽 지역에 대한 평가가 단숨에 높아졌다. 특히 1961년 이후 현재의 오너인 JP 무엑스(JP Moueix)사가 소유한 이후로 페트뤼스는 전설적인 와인을 수차례 내놓았다.

페트뤼스의 양조책임자와 사장을 겸하고 있던 사람이 크리스티앙 무엑스(Christian Moueix)이다. 페트뤼스가 특별한 이유는 이 무엑스가 와인에 쏟은 열정이 결과물로 나타났기 때문이다.

사교 모임에서는 고급스러운 유럽풍 슈트를 차려입은 신사다운 무엑스이지만, 평소에는 매일 장화를 신고 포도밭에 가서 포도 상태를 체크한다. 양조책임자로서의 이 진지한 자세가 일류 와인을 만들어 낸 것이다.

또한, 1991년은 보르도의 오른쪽 지역이 오프 빈티지(포도의 작황이 좋지 않은 해나 날씨가 나빴던 해를 가리킴)여서 과일맛을 띤 향기로운 포도가 자라지 않았던 해였는데, 그 해 페트뤼스는 와인 출하를 단념했다. 이런 점에서도 와인 제조에 대한 그의 진지한 자세를 엿볼 수 있다.

이런 무엑스의 와인에 대한 열정으로 페트뤼스의 품질과 지명도는 비약적으로 높아졌다. 그리고 지금은 정재계 유명 인사들에게 사랑받는 일류의 상징이 되었다. 현재도 보르도 와인 중 1, 2위를 다투는 높은 인기와 비싼 가격을 자랑한다.

파커 포인트 100점을 받은 1982년산 르 팽.

페트뤼스와 함께 세계 최고로 일컬어지는 보르도 오른쪽 지역의 와 인이 「르 팽(Le Pin)」이다. 보르도의 명문 샤토이며 항상 페트뤼스와 비교되는 존재다.

페트뤼스와 마찬가지로 메를로 품종을 메인으로 한 와인이면서 페 트뤼스보다 생산량이 적은 르 팽은 옥션에도 좀처럼 나오지 않아 구 하기 어려운 레어 중의 레어 와인이다.

특히 유명한 1982년산 르 팽은 파커 포인트(p.196 「초보자를 위한 와인 강의 6」 참조) 100점 만점을 받은 명품으로 지금도 세계적으로

82년산 르 팽을 노리는 수집가가 많다.

예전에 르 팽의 오너이자 제조자인 티앵퐁(Thienpont)과 함께한 식사자리에서 그가 이런 말을 했다.

「맛있는 와인을 만들기 위해서는 자신의 신념을 얼마나 굽히지 않느냐가 중요하다. 지금의 기술을 이용하면 인공적인 향, 맛, 색을 첨가하여 맛있는 와인을 만들 수 있고, 실제로 그렇게 하는 와이너리도 있다. 하지만 나는 아무리 작황이 나쁜 해라도 인공적으로 맛있는 와인을 만들려는 생각은 해본 적이 없다. 안 좋은 해가 있기 때문에 와인이 살아있는 것이다.」

이 말에 르 팽이 일류인 이유가 응축되어 있다고 느꼈다. 분명 르 팽은 앞으로도 역사에 남을 명품 와인을 계속 탄생시킬 것이다.

보르도 특유의 와인 선물거래 관습

보르도에는「보르도 프리뫼르(Bordeaux Primeur)」라는 독특한 관습이 있다. 프리뫼르란 프랑스어로「새롭다」,「첫 번째」라는 뜻이며, 보르도 프리뫼르는 오크통에서 숙성되고 있을 때부터 매물로 나오는「와인 선물거래」를 말한다.

매년 3월 말부터 4월에 걸쳐 보르도에서는 성대한 프리뫼르 테이스팅이 열린다. 전년도 9월부터 10월 사이에 수확한 포도를 발효시켜 오크통에서 숙성 중인 와인을 시음할 수 있다.

그 완성도에 따라 참가자는 구매 수량을 결정한다. 출시 가격은 와인의 완성도는 물론 평론가의 코멘트, 세계의 경제 상황, 소비자의 수요를 바탕으로 샤토에서 발표한다.

프리뫼르 테이스팅을 위해 매년 1만 명 가량의 전 세계 와인 관계자와 저널리스트가 보르도에 모인다. 보르도 시내는 그야말로 프리뫼르 테이스팅 일색이다. 와인 관계자들은 원하는 샤토와 방문일을 정하고 샤토에 가서 테이스팅을 진행한다.

당연히 1등급 샤토와 페트뤼스 같은 일류 샤토는 뜨내기 손님은 사절한다. 일류 샤토는 인원을 제한하고 시간별로 게스트를 받는 시스템으로 진행한다. 선택된 관계자만이 장엄한 샤토 안에 설치된 테이스팅룸에 들어가는 것이 허락된다. 방에는 깔끔하게 손질된 글라스와 자료가 진열되어 있고, 시음을 하면서 그 해 포도 직황에 대한 실명을 듣거나 양조장을 견학하는 등 상당히 많은 내용을 알아가며 시간을 보낼 수 있다.

보르도의 이런 유명 샤토의 외관은 그야말로 「샤토(성)」다. 주위에는 가로수길이 이어지고, 멋진 건물과 정원이 있으며, 호수에는 백조가 헤엄치고 있어 지금도 귀족이 살고 있는 듯한 기품과 위엄이 존재한다. 나중에 소개할 부르고뉴 지방은 로마네 콩티를 만드는 세계적으로 유명한 도멘(부르고뉴 지방에서는 생산자를 도멘이라고 부른다)조차 「작은 농가」 같은 분위기이지만, 보르도의 샤토는 화려함과 우아함을

보르도의 1등급 샤토 「샤토 마고」의 외관. ⓒBillBl

지닌다.

물론 이러한 유서 깊은 위대한 샤토 외에도 보르도에 있는 다른 샤토들도 프리뫼르 테이스팅에 참가한다. 규모가 크지 않은 부티크 샤토나 신생 샤토는 테이스팅 행사장에 부스형태로 참가하여 각 부스를 돌며 시음할 수 있다.

예전에 나도 프리뫼르 테이스팅에 참가한 적이 있는데, 상당한 체력을 요하는 이벤트라고 느꼈다.

당일에는 아침 10시부터 오후 늦게까지 하루에 샤토 5개 정도를 돌고, 각 샤토에서 다양한 종류의 와인을 시음한다. 그리고 예정된 테이스팅을 끝낸 뒤에는 와인 관계자와의 저녁식사에 참석한다. 당연히 저녁식사 자리에서도 가져온 와인을 마시면서 친분을 쌓거나 정보를 교환한다. 더불어 하루를 마무리하는 의미로 자기 전에 마시는 술을 대신해 한 군데를 더 들른 뒤에야 겨우 끝이 난다. 그리고 다음 날 아침 10시부터 다시 테이스팅을 시작한다. 아침부터 밤까지 와인을 계속 마시고 이 일을 4~5일 계속하기 때문에 강인한 체력과 튼튼한 간이 필요하다.

이처럼 도시에서 대대적으로 열리는 프리뫼르 테이스팅 시스템이 확립된 것은 지금으로부터 약 60년 전으로, 그리 오래된 역사는 아니다.

2차세계대전으로 경영이 어려워진 샤토는 포도 재배와 양조를 지속하기 힘든 상황에 놓여졌다. 판매처가 영국, 베네룩스(벨기에·네덜란드·룩셈부르크), 프랑스, 스칸디나비아에 한정되었기에 자금이 부족한 상태였다.

게다가 보르도 와인은 몇 년간 숙성을 해야 하기에 숙성 중에는 자금을 회수할 수가 없었다. 그래서 보르도의 주요 네고시앙들이 병입 전의 와인에도 사전 요금 지불에 동의하고 선물구매를 시작한 것이다. 심지어 포도 수확 전에 와인을 구입하는 경우도 있었다.

이렇게 샤토의 자금난에서 시작된 프리뫼르 제도였지만 최근에는 이 시스템에도 변화의 시기가 찾아왔다. 2012년 5대 샤토 중 하나인 샤토 라투르가 프리뫼르 제도에서 탈퇴한다는 의사를 밝힌 것이다.

라투르는 네고시앙을 거치지 않고 수입업자(임포터)나 최종 소비자에게 직접 와인을 도매하기로 결정했다. 회사에서 자체적으로 와인을 오래 숙성시켜 마시기 알맞은 시기에, 팔기 좋은 타이밍에 샤토 스스로 가격을 매겨 판매하기로 한 것이다.

거대한 자본력을 자랑하는 라투르는 더이상 프리뫼르 제도가 필요 없으며, 많은 이익을 추구하기 위해 스스로 재고를 떠안는 결단을 내린 것이다.

이 사례뿐만 아니라 인터넷의 보급으로도 와인의 유통과 판매 스타일은 변화의 시기를 맞이하고 있다. 오랜 역사를 함께하면서 서로 협력한 샤토와 네고시앙의 관계, 그리고 전통적인 보르도의 유통 시스템은 지금 그야말로 전환기를 맞고 있다.

꼭 알아야 할 6가지 포도 품종

레드와인의 주요 품종

카베르네 소비뇽(Cabernet Sauvignon)

세계에서 가장 생산량이 많고 거의 모든 와인산지에서 재배되는 카베르네 소비뇽은
제일 먼저 알아야 할 레드와인의 대표 품종이다. 타닌이 풍부하고, 어릴 때는 알코올
도수가 높으며 진하고 뚜렷한 맛이 특징으로, 다양한 와인에 폭넓게 사용한다.
한편 프랑스의 보르도, 이탈리아의 토스카나, 캘리포니아의 나파 등에서는 최고급
와인에 사용하는 품종으로도 유명하다.

피노 누아(Pinot Noir)

프랑스 부르고뉴 지방이 원산지인 피노 누아는 재배가 까다롭고 섬세한 포도 품종이다. 한편으론, 세계 제일의 와인「로마네 콩티」에도 사용되는 잠재력이 풍부한 품종이기도 하다. 피노 누아를 사용할 경우에는 기본적으로 다른 품종과 블렌딩하지 않고 단일 품종으로 양조한다. 그렇기 때문에 빈티지에 따라 와인맛이 달라지는 것으로도 유명하다.

메를로(Merlot)

재배 면적이 세계 2위인 메를로는 기후 변화에 유연하고, 산지를 가리지 않고 어디서든 잘 자라는 품종이다. 재배가 쉬워서 전 세계 와인양조가에게 인기가 많으며, 프랑스 보르도를 비롯해 미국, 이탈리아, 칠레, 아르헨티나, 오스트레일리아 등 대부분의 지역에서 메를로가 재배되고 있다.

특히 카베르네 소비뇽과의 궁합이 좋고, 블렌딩에 따라 밸런스가 좋은 최고급 와인이 만들어지는 것으로도 유명하다. 가장 비싼 메를로 와인을 생산하는 곳은 프랑스 보르도로, 특히 생테밀리옹과 포므롤에서는 메를로를 중심으로 세계 최고급 와인이 만들어진다. 그 대표적인 것이「페트뤼스」와「르 팽」이다.

화이트와인의 주요 품종

샤르도네(Chardonnay)

프랑스 부르고뉴 지방이 발상지로 알려진 이 품종은 부르고뉴의 샤블리와 몽라셰를 비롯해 샹파뉴 지방, 미국 캘리포니아주, 칠레 등 광범위한 지역에서 사용하는 화이트와인의 대표 품종이다.

같은 샤르도네로 만든 와인이라도 산지에 따라 그 맛은 크게 달라진다. 부르고뉴와 샹파뉴 지방의 차갑고 서늘한 기후에서 자란 샤르도네는 미네랄과 산미가 풍부한 드라이와인으로 생산되는 반면, 일조량이 많은 캘리포니아와 칠레에서는 같은 샤르도네여도 열대과일 같은 맛이 느껴지는 부드러운 와인으로 만들어진다.

소비뇽 블랑(Sauvignon Blanc)

전 세계 와인산지에서 재배되며 캐주얼한 화이트와인부터 최고급 화이트와인까지 폭넓게 사용하는 품종이다. 원산지는 프랑스 보르도 지방으로 이탈리아와 칠레, 뉴질랜드 등 다양한 지역에서 재배된다. 온난한 지역부터 차갑고 서늘한 지역까지 환경에 대한 적응력이 높은 소비뇽 블랑은 산지에 따라 개성이 뚜렷이 나타나 그 맛의 차이를 즐길 수 있는 것도 매력 중 하나다.

리슬링(Riesling)

차갑고 서늘한 기후를 좋아하는 리슬링은 유럽 북부의 독일을 비롯해 인접한 프랑스 알자스 지방 등에서 사용하는 화이트와인 포도 품종이다. 드라이한 맛부터 달콤한 맛까지 폭넓게 화이트와인에 사용한다.

또한, 최고의 단맛 귀부와인과 방당주 타르디브(Vendanges Tardives)에도 사용되는데, 리슬링이 지닌 고유한 산미에 포도 본래의 단맛이 겹쳐진 이들 와인의 맛은 리슬링에서만 낼 수 있다고 한다.

신에게 사랑받은 땅
부르고뉴의 매력

블렌딩 보르도 OK, 부르고뉴 NG

프랑스 동부에 위치한 부르고뉴 지방은 보르도와 함께 프랑스 최고
의 와인산지다. 다만, 보르도와는 분위기가 조금 다르다. 부르고뉴에
는 보르도처럼 높이 솟은 샤토는 눈에 띄지 않고, 한가롭고 목가적인
풍경이 펼쳐진다. 세계 최고인 로마네 콩티의 도멘조차 화려한 간판
이나 대문이 없고 평범한 「작업장」의 모습이다.

　이런 차이가 생긴 계기는 18세기 프랑스 혁명 때문이다. 프랑스 혁
명으로 특권을 빼앗긴 귀족들은 소유하던 포도밭도 빼앗겨버린다. 하
지만 보르도에서는 혁명 후 귀족과 유명인이 다시 포도밭을 사들여
훌륭한 샤토를 짓고, 광활한 포도밭에서 대량으로 와인을 만들었다.

부르고뉴 지방의 포도밭. 대형 양조장이 없고 목가적인 풍경이 펼쳐진다. ©CocktailSteward

반면 부르고뉴 지방에서는 교회나 수도원이 소유하던 포도밭 대부분을 잘게 쪼개어 농민들에게 나누어주었다. 작게 구획된 포도밭은 면적이 한정되어 있어서 와인을 대량으로 생산할 수 없었다. 그래서 보르도의 샤토처럼 대형 양조장이 필요하지 않았던 것이다.

이렇게 해서 큰 샤토가 만들어지지 않았던 부르고뉴에서는 보르도와 같은 지역별 샤토(생산자) 등급도 없다. 밭에 겨우 4개의 등급이 있을 뿐이다.

● 부르고뉴 지방의 등급

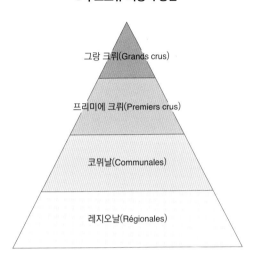

그 등급은 위에서부터 「그랑 크뤼(Grands crus, 특등급밭)」, 「프리미에 크뤼(Premiers crus, 1등급밭)」, 「코뮈날(Communales, 밭이 있는 마을이름)」, 「레지오날(Régionales, 밭이 있는 지역이름)」 등 4단계로 나뉜다.

그랑 크뤼(특등급밭)는 이름 그대로 가장 격이 높은 특등급밭이다. 로마네 콩티(Romanée-Conti)나 몽라셰(Montrachet) 등 세계적으로 유명한 와인을 생산하는 일부 밭에만 주어진 칭호이며, 그랑 크뤼로 인정받은 밭은 부르고뉴 전체에서 1%에 불과하다.

그랑 크뤼에서 만들어진 와인의 경우, 라벨의 AOC에 그 밭의 이름을 표기한다. 예를 들어, 「로마네 콩티」는 포도밭 이름이면서 제 조지 이름이기도 한데, 로마네 콩티에서 만드는 와인에는 「Appellation Romanée-Conti Contrôlée」라고 표기한다. 즉, 로마네 콩티라는 밭을 사용할 수 있는 것은 「도멘 드 라 로마네 콩티(Domaine de la Romanée-Conti, DRC)」뿐이며(모노폴 = 단독 소유주의 밭), 그 때문에 희소가치가 높아지는 것이다.

그 아래 프리미에 크뤼(1등급밭)도 순위로는 두 번째지만 결코 특등급밭에 뒤지지 않는다.

요즘 가장 비싼 가격에 거래되는 부르고뉴 와인을 만든 고(故) 앙리 자이에도 프리미에 크뤼에서 와인을 생산했다. 앙리가 만든 크로 파랑투(Cros Parantoux)라는 고급와인도 본 로마네 마을의 1등급밭인 크로 파랑투 밭에서 생산된 것이다.

프리미에 크뤼의 라벨은 「마을이름＋1er Cru(Premiers cru)＋밭이름」으로 표기한다. 예를 들어, 본 로마네의 1등급밭에서 만든 와인의 경우, 「Appellation Vosne-Romanée Premier Cru Contrôlée」가 되며, 그 아래에 밭이름이 표기된다(프리미에 크뤼의 포도를 여러 종류 섞은 경우에는 밭이름이 기재되지 않는다).

그 아래 등급인 코뮈날(마을이름)은 같은 마을에 있는 밭에서 수확한 포도만을 사용한 와인이다(단, 같은 마을의 밭이어도 품질이 떨어지면 코뮈날이 될 수 없다). 포도의 사용이 「마을」로 제한되어 있기 때문에, 같은 마을이라면 다른 밭에서 수확한 포도를 블렌딩해도 문제가 없다. 라벨에「마을이름」이 들어가는데, 본 로마네 마을의 코뮈날 와인이라면「Appellation Vosne-Romanée Contrôlée」라고 표기한다.

가장 낮은 등급인 레지오날(지역이름)은 넓게는 부르고뉴 지방 전체로 그 제한이 확대되므로 라벨에는「Appellation Bourgogne Contrôlée」로 표기된다.

이런 등급 체계 이외에도 보르도와 부르고뉴의 큰 차이점은 포도 품종을 블렌딩할 수 있느냐 없느냐이다.

보르도에서는 레드와 화이트 모두 블렌딩이 인정되는데, 레드와인에서는 5가지 품종(카베르네 소비뇽, 메를로, 카베르네 프랑, 말벡, 프티 베르도), 화이트와인에서는 3가지 품종(소비뇽 블랑, 세미용, 뮈스가델)을 사용해야 한다.

게다가 보르도에서는 샤토가 여러 개의 포도밭을 소유하고 있어, 그 해의 포도 작황에 따라 다른 밭의 포도를 블렌딩하여 독자적인 맛을 만들어낸다. 예를 들어, 보르도의 샤토 라피트 로쉴드는 해에 따라 카베르네 소비뇽을 80~95%, 메를로를 5~20%, 카베르네 프랑이나 프티 베르도를 0~5%로 그 비율을 달리한다.

또한, 부르고뉴와는 달리 포도밭에 등급이 없는 보르도에서는 샤토의 역량에 따라 밭을 늘리는 것도 인정된다. 사용이 승인된 포도 품종이라면 밭을 늘려 많이 재배하여 와인을 대량 생산해도 문제가 없다.

그러나 대량 생산으로 맛이 떨어질 경우에는 샤토에 책임을 묻기 때문에 무작정 그렇게 하지는 않는다. 「1등급 샤토에 부끄럽지 않게」, 「2등급 샤토의 이름을 걸고」라는 자부심이 보르도의 일류 와인을 만들어내는 원동력이 되기도 한다.

이렇게 다양한 포도를 섞어서 복잡하면서도 조화로운 맛을 만들어내는 것이 보르도 와인의 매력인 반면, 부르고뉴에서는 블렌딩을 전혀 인정하지 않는다. 그 품종도 제한되어 부르고뉴 와인의 80%는 화이트와인이 샤르도네, 레드와인이 피노 누아로 만들어진다.

이만큼 블렌딩에 엄격한 것은 부르고뉴가 각 토지의 특성을 와인에 살리려고 한 결과였다.

원래 해저였던 부르고뉴는 토지에 따라 토양의 양분과 광물이 크게 달라 포도밭마다 토질 차이가 분명하게 드러난다. 또한, 부르고뉴에서는 약간 높은 경사면에 포도밭이 펼쳐지기 때문에, 밭의 방향에 따라서도 일조량이 달라져 포도의 작황이 크게 좌우된다.

테루아(포도가 자라는 자연환경)가 가장 뛰어난 곳이 로마네 콩티의 밭이라고 말하는데, 이곳에서는 피노 누아를 위한 최고의 조건을 갖추고 있어서 토양의 질, 밭의 방향, 방위, 표고 등 모든 조건이 완벽하다고 한다. 하지만 로마네 콩티와 겨우 길 하나를 사이에 둔 다른 밭에서 생산하는 와인은 품질도 가격도 전혀 다르다. 엎어지면 코 닿을 곳인데도 그 차이가 확연하다.

그만큼 밭의 성질이 뚜렷하게 드러나기 때문에 부르고뉴 와인은 같은 품종이라도 지역이나 밭에 따라 그 맛이 크게 달라진다. 더불어 그 해의 작황도 중요하다. 보르도처럼 포도의 종류를 조정할 수 없기 때문에, 포도의 작황이 좋은지 나쁜지에 따라서도 와인의 맛과 가치가 크게 달라진다.

좋은 해의 부르고뉴 와인은 고가에 거래되는데, 이는 자연과 사람이 엮어낸 기적의 산물이기에 그 가치가 더욱 높을 수밖에 없다.

로마네 콩티를 만들어낸, 신에게 사랑받은 마을

부르고뉴 지방에는 최고급 와인을 생산하는 「코트 도르(Côte d'Or)」라는 지역이 있다. 프랑스어로 「황금 언덕」이란 의미의 코트 도르는, 언덕 한 쪽에 펼쳐진 포도밭이 그야말로 황금빛으로 가득 물들어 있다고 해서 붙여진 지명이다. 코트 도르에는 코트 드 뉘(Côte de Nuits) 지역과 코트 드 본(Côte de Beaune) 지역이 있는데, 두 곳 모두 세계적인 고급와인 산지다.

우선 코트 드 뉘 지역부터 소개하면, 코트 드 뉘에는 여러 마을이 있으며, 어느 마을의 와인이든 모두 아주 가치가 높다.

예를 들어, 주브레샹베르탱(Gevrey-Chambertin) 마을은 나폴레옹도 사랑했던 와인을 만든 땅이다. 여기에는 9개의 그랑 크뤼(특등급밭)가 있는데, 이 9개의 포도밭에서만 약 30곳의 생산자가 와인을 만든다.

로마네 콩티 또한 코트 드 뉘 지역의 본 로마네 마을에서 만들어졌

● **부르고뉴 지방의 주요 생산지**

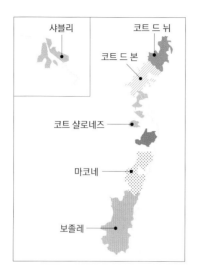

다. 본 로마네 마을은 「신에게 사랑받은 마을」이라는 별칭이 붙을 정도로 와인 생산에 복 받은 땅이다. 여기에도 로마네 콩티를 비롯해라 타쉬(La Tâche), 리쉬부르(Richebourg) 등 특등급밭이 여럿 존재하고, 다수의 고급와인이 이 작은 마을에서 탄생한다.

본 로마네 마을은 지금도 변함없이 포도밭과 양조장 그리고 교회밖에 없으며, 도로가 겨우 아스팔트로 정비되어 있을 정도로 수백 년동안 거의 손을 대지 않은 상태다.

나도 정기적으로 로마네 콩티의 밭을 성지순례하듯 찾아가는데,

로마네 콩티의 밭에 우뚝 솟은 십자가.

이 특별한 땅은 언제 가도 방문한 사람을 엄숙하게 만든다. 밭 근처에는 예전에 와인을 만들던 교회가 지금도 그때의 모습으로 남아있다. 높은 지대에서 밭을 내려다보면 마치 수백 년 전으로 타임슬립한 것처럼 수도사가 밭을 경작하는 광경이 눈앞에 그려지는 듯하다. 로마네 콩티의 밭에는 신이 내린 곳이라는 상징으로 십자가가 세워져 있고 밭의 수호신으로 기리고 있다.

그런 로마네 콩티라 하면, 2004년에 크리스티스에서 열린 옥션「도리스 듀크 컬렉션」이 떠오른다.

도리스 듀크는 아메리칸타바코사를 설립한 제임스 뷰캐넌 듀크의 외동딸이다. 그녀는 아버지의 숨으로 불과 12살에 약 1억 달러라는 막대한 유산을 물려받았다.

「The richest girl in the world(세계에서 가장 부유한 소녀)」라고 불렸던 도리스는 한평생을 여행과 미술 수집으로 보냈고, 그 파란만장했던 삶은 영화로도 만들어졌을 정도다.

옥션에서는 4일에 걸쳐 도리스가 일생동안 모은 수많은 예술품과 희귀 와인이 경매에 올랐다. 훌륭한 와인에 대한 안목을 과시한 그녀의 컬렉션이지만 그 중에서도 1934년산 로마네 콩티는 많은 주목을 받았다. 도리스 듀크가 소유한 뉴포트의 대저택에 있는 와인 셀러에 오랫동안 잠들어 있었기에 그 내력도 보존 상태도 나무랄 데 없는 명품이었다.

그리고 운 좋게 우리 크리스티스의 직원이 품질을 체크하기 위해 그 중 한 병을 시음할 수 있었다. 모두 숨을 죽인 가운데 당시의 보스가 천천히 신중하게 코르크 마개를 뽑았다. 코르크를 딴 와인병에서는 사무실을 채울 정도로 향기가 가득 피어올라 우리의 기대를 자극시켰다.

적당한 때를 가늠하여 먼저 보스가 와인을 마셨다. 모두가 마른 침을 삼키며 지켜보는 가운데 그는 오랜 잠에서 깨어난 로마네 콩티 한 모금을 살며시 입에 머금었다.

그 순간 보스는 의자에서 쓰러지고 말았다. 너무나 맛있는 나머지

오랜 역사 속에서 많은 사람들을
매료시킨 로마네 콩티.

완전히 녹다운 당한, 문자 그대로 「쓰러진」 것이다. 혀가 예민한 와인 전문가조차 그 맛에 압도되어 버린 것이다.

로마네 콩티는 역사상 많은 인물들을 매료시켰다. 병약했던 루이 14세가 약 대신 로마네 콩티를 매일 한 스푼씩 마셨다는 일화는 유명하다.

또한, 루이 15세의 애첩이던 퐁파두르 부인도 로마네 콩티에 농락당한 한 사람이다. 로마네 콩티의 소유권을 둘러싸고 콩티공(公)과 싸우던 퐁파두르 부인은 콩티공이 파격적인 금액을 제시하는 바람에

고(故) 앙리 자이에가 손수 만든 크로 파랑투. 옥션
에서도 고가에 거래되고 있다.

그 염원을 이루지 못했다. 기묘하게 패한 퐁파두르 부인은 그 분풀이
로 궁궐에서 부르고뉴 와인을 모조리 없애버렸다고 한다.

본 로마네 마을이라고 하면 DRC(Domaine de la Romanée−Conti)와
인기를 양분한 위대한 제조자 앙리 자이에(Henri Jayer)도 잊어서는 안
된다. 1922년 프랑스의 본 로마네 마을에서 태어난 앙리는 2006년 그
생을 마감할 때까지 대부분의 시간을 피노 누아에 바친 인물이다.

  포도 재배업을 하는 집에서 태어난 앙리는 전쟁에 참전한 형을 대신

하여 16살에 포도 재배를 돕기 시작했다가 십여 년 후인 1950년대에는 와인 양조에 들어서서 자신의 브랜드로 와인을 생산하기 시작했다.

오래도록 포도 재배에 종사해온 앙리는 피노 누아의 모든 것을 파악하여 다른 생산자보다 유리한 입장에서 와인을 제조해 나갔다. 앙리는 그 누구보다 먼저 서스테이너블 재배(화학적인 요소를 최대한 자제하는 방법)나 논필터 와인 제조(껍질 등 침전물의 여과를 억제하는 양조법)를 도입하는 등 당시로서는 전례 없는 와인 양조도 시도하였다. 이 또한 피노 누아를 속속들이 알고 있었기에 가능했던 도전이라 할 수 있다.

피노 누아 본래의 맛을 끌어내는 기술을 터득하고 있었던 앙리는 많은 사람들에게 인기를 얻었고, 2001년 현역 은퇴까지 수많은 전설적인 와인을 남겼다. 부르고뉴에는 그를 스승으로 추앙하는 젊은 양조가가 많고, 앙리 자신도 젊은 양조가를 육성하는 데 힘을 쏟은 것으로 유명하다.

그러나 안타깝게도 2006년 그는 암으로 세상을 떠났다. 현재는 조카 엠마뉘엘 루제(Emmanuel Rouget)와 제자 메오 까뮈제(Méo Camuzet)가 후계자가 되어 앙리의 밭을 지키고 있다.

고급 화이트와인의 성지 몽라셰

코트 도르에는 코트 드 본이라는 지역도 있는데, 이곳도 부르고뉴가 세계에 자랑하는 와인 생산지다. 코트 드 본에도 유명 와인을 생산하는 마을이 줄지어 있다.

그 중에서도 유명한 곳이 몽라셰 마을이다. 이곳에서는 세계 최고급 화이트와인을 만든다.

몽라셰 마을에는 「몽라셰(Montrachet)」, 「슈발리에 몽라셰(Chevalier−Montrachet)」, 「바타르 몽라셰(Bâtard−Montrachet)」, 「비앵브뉘 바타르 몽라셰(Bienvenues−Bâtard−Montrache)」, 「크리오트 바타르 몽라셰(Criots−Bâtard−Montrachet)」 등 5개의 특등급밭이 있는데, 모두 소량 생산을 하기 때문에 고가에 거래된다.

이들 몽라셰 마을의 특등급밭에서 최고급 화이트와인을 생산하는 곳이 도멘 르플레브(Domaine Leflaive)이다. 3백 년의 오랜 역사를 지닌 명문 중의 명문 도멘으로 약 25헥타르에 이르는 광활한 포도밭을 소유하고 있으며 그 대부분이 그랑 크뤼와 프리미에 크뤼 등급이다.

2017년에는 DRC사가 만든 몽라셰를 제치고 도멘 르플레브가 가장 비싼 화이트와인 1위로 선정되었다. 2017년 7월에는 평균 가격이 6,698달러(1병에 약 7백만 원)로 발표되었다.

20세기 초 부르고뉴 화이트와인의 명장으로 불린 조셉 르플레브(Joseph Leflaive)가 설립한 르플레브는 3대째 주인 앤 클로드 르플레브(Anne−claude Leflaive) 여사에 의해 비약적으로 발전하였다.

앤 여사는 건강하지 못한 포도의 상태를 개선하려고 노력하다가 바이오다이나믹 농법과 만난다. 천체의 움직임에 맞추어 농사를 짓

도멘 르플레브가 특등급밭 「슈발리에
몽라셰」에서 만든 화이트와인.

고, 화학비료나 농약을 전혀 쓰지 않으며, 자연계 물질만으로 토양을 활성화하여 포도를 재배하는 농법이다. 앤 여사는 1997년 모든 밭에 이 농법을 채택하여 바이오다이나믹 농법의 선구자가 되었다.

화학약품의 사용을 금지한 르플레브 와인은 맑은 샘물처럼 순수하고 투명한 맛을 실현했다. 물처럼 몸에 스며드는 독특한 감각에 매료된 전 세계 애호가들은 르플레브를 손에 넣으려고 분주했고, 순식간에 매진이 속출하는 인기 품목이 되었다. 가격도 점점 상승하여 일부 마니아만 손에 넣을 수 있는 상태가 되었다.

이런 현상에 마음이 아팠던 앤 여사는 토지가 싼 마콩 지역에서도 와인을 만들기로 결심하고, 2004년 마콩에서 만든 와인의 첫 빈티지를 내놓았다.

마콩 지역은 부르고뉴 남쪽에 위치한 합리적인 가격의 와인산지로, 4단계의 등급에서 하위 코뮈날과 레지오날 등급의 밭이 펼쳐진 지역이다. 하지만 하위 등급의 밭에서 수확한 포도로 만들었다고는 해도, 르플레브의 스타일을 관철시킨 그 풍미는 과일맛과 미네랄 느낌, 그리고 투명함을 그대로 구현하여 인기를 얻고 있다.

르플레브의 진출로 명문인 도멘 데 콩트 라퐁(Domaine des Comtes Lafon)도 마콩에서 와인 양조를 시작했다. 그래서 마콩 지역은 일류가 빚어낸 명주를 합리적인 가격에 맛볼 수 있는 지역으로 요즘 많이 주목받고 있다.

참고로 코트 드 본에서 만드는 고급 화이트와인으로는 알록스 코르통(Aloxe Corton) 마을에서 생산하는「코르통 샤를마뉴(Corton-Charlemagne)」도 유명하다.

코르통 마을에서 화이트와인이 탄생한 것은 8세기경에 활약한 프랑크 왕국의 카를대제에 의해서다. 레드와인을 매우 좋아한 카를대제는 코르통 마을에 포도밭을 소유하고 레드와인을 양조했을 정도였다.

하지만 레드와인을 마실 때마다 자랑거리인 흰 콧수염이 지저분해지는 것이 고민이었던 그는 이후 화이트와인으로 바꾸어 마셨는데,

코트 드 본에서 생산하는 고급 화이트와인 「코르통 샤를마뉴」.

코르통 마을에 있는 자신의 밭도 백포도로 바꿔 심었다고 한다.

카를대제의 프랑스어 이름이 샤를마뉴 대제. 이렇게 하여 최고급 화이트와인 「코르통 샤를마뉴」가 탄생하였다. 코르통 샤를마뉴는 현재도 옥션에서 고가에 거래되는 귀중한 화이트와인이다.

병원에서 탄생한 엄청난 인기의 자선 와인이란?

코트 드 본 지역의 본 마을에는 「오스피스 드 본(Hospices de Beaun)」이라는 역사 깊은 와인이 있다.

오스피스 드 본의 시작은 16세기로 거슬러 올라간다. 무역으로 번성한 보르도와는 대조직으로 와인 이외의 산업이 저조했던 부르고뉴에서는 농민들의 생활이 가혹했다. 부르고뉴 와인의 상업 중심지인 본 마을에서도 병자나 빈곤층이 넘쳐났고, 가난한 농민들은 병에 걸려도 병원에 가지 못했으며, 기아로 목숨을 잃는 사람도 많았다.

그 광경에 마음 아파하던 부르고뉴 공국의 재무장관은 본 마을에 병원시설을 설립하였다. 재무장관은 심지어 자기 소유의 포도밭을 병원에 기부하고 그 밭의 포도로 와인을 만들어, 와인 판매 수익으로 환자들에게 무상 치료를 해주었다.

목숨을 구한 많은 마을 사람들이 그에게 감사했고, 부유한 사람들도 이런 자비 정신에 공감하게 되었다. 그들 또한 포도밭을 기부하여 병원이 소유한 포도밭은 해마다 늘어갔다.

이렇게 와인 양조로 수익이 생긴 본 마을 사람들은 와인 제조에 전념할 수 있었다. 그리고 지금은 보르도의 5대 샤토를 훨씬 능가하는 고가에 낙찰되는 와인이 이 마을에서 탄생하게 된 것이다.

이 자선병원에서 탄생한 와인이「오스피스 드 본」으로 현재도 자선 경매에서 판매되어 낙찰액 일부가 본 마을의 관광국과 가난한 사람들에게 기부된다. 본의 생산자들이 임의로 오스피스 드 본의 양조를 도맡으며 지금도 변함없이 지역 전체가 협력하여 경매가 이루어지고 있다.

경매 개최일은 매년 11월 3번째 일요일이다. 생산자들이 9월부터

왼쪽_「오스피스 드 본」의 와인병. 오른쪽_「오스피스 드 본」의 자선경매 현장.

10월에 걸쳐 수확한 포도를 발효시켜 오크통 숙성이 끝날 즈음에 성대한 경매가 개최된다. 경매 당일까지의 3일 동안을 「영광의 3일」로 부르면서 마을 전체가 와인 일색이 된다. 수많은 와인 애호가와 와인 관계자가 본 마을에 모이고 각지에서 풍성한 이벤트가 개최된다. 아침부터 와인 테이스팅이 시작되고 각 생산자들의 와인 강연, 생산자와의 점심식사 등 다양한 모임이 열린다.

나도 경매를 위해 본을 찾을 때마다 본 마을 사람들의 생활에 와인은 없어서는 안 된다는 사실을 다시금 확인한다. 그리스도가 남긴 「와인은 나의 피다」라는 말의 의미는 와인을 그리스도의 상징으로 받드는 것뿐 아니라, 좀 더 넓은 의미로 사람들의 생활을 돕거나 사람들을 이어주고, 사람들을 보호하는 역할을 전하는 것이라 생각한다. 실제로 사상과 종교는 사람들에게 마음의 안식처가 되었는데, 본 마을에서 생활의 양식이 된 것은 와인이었다.

다만, 오스피스 드 본의 경매가 인기 있는 이유는 자선적인 요소 때문만은 아니다. 병원이 소유한 밭은 토질이 좋아 품질 좋은 포도가 자란다. 와인을 만드는 생산자들 역시 그 명예와 실력을 걸고 최고의 와인을 만들기 때문에, 그 높은 품질 또한 인기를 끄는 이유다.

게다가 일반 경매와는 달리 여기에서는 와인을「오크통」으로 구입하기 때문에 나만의 와인이라는 우월감도 얻을 수 있다. 라벨에 원하는 이름을 넣을 수 있는 것도 큰 매력이다.

나도 2016년에 한 통을 구입했는데, 수확 후 약 2년의 숙성을 거쳐 병입한 와인이 내 손에 들어오기를 느긋하게 기다리는 과정도 좋았다. 요즘은 클릭 한 번으로 당일에 상품이 도착하는 편리한 세상이지만, 2년 이상 기다리는 것도 나쁘지 않다. 프랑스의 생산자로부터 순조롭게 진행되는 숙성 소식을 들으면서 와인이 도착하기를 매일 설레는 마음으로 기다린다. 그런 마음으로 받은 와인은 더 각별한 법이다.

덧붙이면 부르고뉴에서는 오스피스 드 본의 경매와 같은 시기에 「라 폴레(La Paulée)」라는 축제도 열린다. 부르고뉴의 고급 화이트와인을 생산하는「도멘 데 콩트 라퐁([Domaine des Comtes Lafon)」을 창업한 쥘 라퐁 백작에 의해 1932년에 생긴 이벤트다.

원래는 중세에 포도농장에서 일하는 노동자를 위로하는 이벤트였

는데, 1923년에 시토회(Cistercian, 가톨릭 베네딕토 원시회칙파의 주축
을 이루는 개혁수도회) 수도사가 부활시켰고 그 후 쥘 라퐁이 계승한
형태다. 1932년에 와인 관계자의 협력을 얻어 정식으로 라 폴레라는
이름이 붙여졌고 그 후에는 연례행사로 매년 개최된다.

미국에서도 이 전통적인 행사에 뜻을 함께하여 뉴욕과 샌프란시스
코에서 1년마다 번갈아가면서 매년 2월말~3월초에 라 폴레 이벤트
가 열린다. 부르고뉴의 생산자가 뉴욕과 샌프란시스코를 방문하여
스폰서 회사들과 성대한 축제를 개최한다. 전 세계 부르고뉴 애호가
가 모여 관심 있는 부르고뉴 와인에 취한다.

스폰서 중 하나인 와인옥션하우스 「자키(Zachys)」가 이 축제의 메인
이벤트 가운데 하나인 라 폴레 옥션을 총괄한다.

부르고뉴 생산자가 직접 출품한 「엑스 셀라(Ex Cellar, 와인 생산자
가 별도로 직접 저장·숙성시킨 와인)」라 불리는 귀중한 와인이 연이어
경매에 나오고, 흥분한 참가자들은 축의금을 내듯 고가에 와인을 낙
찰받는다.

2017년 라 폴레에서는 로마네 콩티를 만드는 DRC사의 오너 빌렌
(Villaine)을 맞이하는 세기의 와인 디너가 열렸다. 참가비 8,500달러
의 고액 디너였지만 준비한 100여 자리가 순식간에 매진되었다.

나도 이 라 폴레 이벤트에는 몇 차례 참가했지만, 매번 그 열기에
압도될 뿐이다.

「보졸레 해금」에 열광하는 곳은 일본뿐?

부르고뉴에는 코트 드 뉘, 코트 드 본 외에도 특징적인 와인산지가 여럿 있다. 보졸레 지역도 그 중 하나다.

품종 가메 포도로 만드는, 숙성 없이 빨리 마시는 와인으로 유명한 보졸레는 부르고뉴의 거의 절반에 해당하는 광활한 토지를 갖고 있어 방대한 생산량을 자랑한다. 건조하고 추운 겨울과 일조량이 많은 더운 여름이 이어져 부르고뉴 내에서도 기후적으로 가장 혜택 받은 지역이기도 하다.

여러분도 이 보졸레라는 이름이 익숙할 것이다. 매년 가을 화제가 되는 「보졸레 누보」의 생산지다.

보졸레 누보란, 보졸레에서 만들어지는 「누보(새 술)」라는 의미다. 보통 와인은 9~10월에 수확한 포도를 짜서 발효시킨 뒤 한동안 묵혔다가 출하한다. 이 숙성기간은 품질과 산지를 보호하기 위해 국가가 지역에 따라 법률로 정해놓았다. 예를 들어, 보르도에서는 레드와인은 12~20개월, 화이트와인은 10~12개월 오크통 숙성이 정해져 있다. 반면 보졸레 누보는 불과 몇 주만 숙성시켜 출하해도 좋다고 정해져 있고, 그 첫 출하일이 「해금일」로 불리는 11월 3번째 목요일이다.

일본은 시차 관계로 본국 프랑스를 제치고 세계에서 가장 빨리 보졸레를 마실 수 있기 때문에, 버블시대에는 일본 전체가 보졸레에 열광했고 큰 화제를 모았다.

매년 11월 3번째 목요일에
해금되는 보졸레 누보.

샤블리에서 만들어진 화이트와인. 사진
은 가장 등급이 높은 그랑 크뤼 와인.

그 흐름은 현재까지 이어져 지금도 일본에서는 해금일에 많은 사람이 보졸레를 구입한다. 보졸레에서 생산된 와인의 절반 정도가 해외로 수출되는데, 보졸레 누보는 그 대부분을 일본으로 수출한다고 한다.

덧붙여 말하면 같은 시기에 파리에 머문 적이 있었는데, 일본처럼 누보를 축하하는 광경은 거의 볼 수 없었다.

보졸레와 마찬가지로 세계적으로 유명한 부르고뉴의 와인산지로 샤블리도 꼽을 수 있다. 부르고뉴 내에서 외따로 떨어진 곳에 있는 화이트와인으로 유명한 산지다.

샤블리는 태고부터 화이트와인의 산지가 될 운명이었던 듯, 드라이한 화이트와인을 만들어낼 조건을 모두 갖춘 토지를 갖고 있다.

쥐라기(공룡시대)에 해저였던 샤블리 지역의 토양은 지금도 굴 등 조개류의 화석이 나오는 석회질이다. 바다의 미네랄을 가득 함유한 특이한 토양에서 자란 샤르도네로 다른 지역에서는 결코 표현할 수 없는 산미가 강하고 뒷맛이 깔끔한 화이트와인이 만들어진다.

샤블리는 굴이나 해산물과의 궁합이 뛰어나서, 차가운 샤블리와 함께 먹으면 신기하게도 그 비린내가 사라지고 밀키한 맛이 돋보인다. 그야말로 경이로운 마리아주이다.

참고로 말하면, 샤블리의 밭에는 그랑 크뤼, 프리미에 크뤼, 샤블리, 프티 샤블리 등 4개 등급이 있다. 그 중에도 그랑 크뤼는 생산량 기준이 있어서 좀처럼 시장에 나오지 않는다. 그래서 유명한 생산자가 만든 와인은 경매에서만 손에 넣을 수 있는 것도 다수 존재한다.

한편 샤블리와 프티 샤블리 등급은 규제가 엄격하지 않기 때문에 예전에는 대량 생산으로 질 낮은 와인이 출하된 적도 있었다. 하지만 지금은 전체적으로 품질이 높아져 「샤블리의 화이트와인」은 질 좋은 화이트와인으로 세계에서 인정받고 있다.

올바른 테이스팅 방법

와인의 맛은 단맛, 알코올 도수, 신맛, 타닌, 바디라는 다섯 요소로 구성되어 있다. 이 요소의 개성과 특징을 분별하는 것이 테이스팅이다.

와인은 포도 과즙이 발효되어 알코올로 변하는데, 다 발효되지 못하고 남은 당분이 와인의 「단맛」이다. 따라서 당분이 대부분 알코올로 바뀐 와인이 「드라이 와인」이고, 당분이 남으면 남을수록 「스위트 와인」에 가까워진다. 그렇기 때문에 기본적으로 단 와인일수록 알코올 도수가 낮아지는 것이다.

「신맛」은 포도에 함유된 사과산과 주석산을 말한다. 신맛이 강한 와인은 차가울수록 맛있다고 하는데, 이는 와인의 온도가 낮아지면 단맛과 신맛이 섞여 맛이 흐려지기 때문이다.

「타닌」은 포도 껍질과 씨에서 생기는 폴리페놀의 일종으로 떫은맛을 나타낸다. 포도 껍질을 사용하지 않는 화이트와인에는 타닌이 거의 없다.

「바디」는 와인의 골격, 힘, 무게, 감각 등 마실 때 느껴지는 감촉을 나타낸다. 풀바디, 미디엄바디, 라이트바디로 나뉘며, 와인의 맛을 표현할 때 반드시 언급되는 요소이다. 와인숍 진열대나 와인 라벨에 바디가 표시되어 있기도 해서 그것으로 와인의 특징을 알 수 있다. 단, 바디를 정의하는 기준은 존재하지 않는다. 마신 감촉으로 표현된다. 일반적으로 다음과 같은 이미지로 말할 때가 많다.

- **풀바디**

풍성하고 파워풀한 맛. 타닌과 단맛, 첫맛(어택)이 뚜렷하며, 색도 진하고 향도 강하다. 마실 때 입 안 가득 퍼지는 힘이 있다. 기본적으로 카베르네 소비뇽이나 시라 품종을 사용한 와인을 풀바디라고 한다. 타닌과 폴리페놀을 많이 함유하고 있어 장기숙성형이기도 하다.

- **미디엄바디**

쉽게 말하면 풀바디와 라이트바디의 중간 맛. 일반적으로 산지오베제나 뉴월드(와인 신흥국)의 피노 누아 품종을 미디엄바디라고 할 때가 많다. 풀바디였던 와인이 숙성을 거쳐 부드러워지는 경우도 있다.

- **라이트바디**

일반적으로 알코올 도수가 낮고, 타닌도 적으며, 색도 옅은 와인이다. 어린 피노 누아 품종이나 가메, 바르베라 종류 등이 대표적인 맛이며, 마신 감촉이 가볍고 무게감은 없다. 타닌이 적기 때문에 빨리 마시는 타입의 와인이 많다.

와인 테이스팅은, 「보다 → 향을 즐기다 → 맛보다」의 순서로 진행된다. 영어로는 「The 〈S〉 Step」이라고 하는데, 「See(보다)」, 「Swirl(잔을 돌리다)」, 「Sniff and Smell(향을 맡다)」, 「Sip and Swish(한 모금 입에 머금고, 입 속에서 굴리다)」, 「Swallow or Spit(삼키다 또는 내뱉다)」 등의 단계다.

「See(보다)」에서는 와인의 색과 빛깔, 농도를 확인한다. 먼저 하얀 곳을 배경으로 글라스를 기울여 색의 농도를 관찰한다. 레드와인의 경우 어린 와인은 보랏빛을 띤 밝은 색으로 숙성하면서 벽돌색으로 변한다. 포도 종류에 따라서도 색 차이가 있는데, 이 색의 변화와 차이로 와인의 개성을 즐긴다.

화이트와인은 액체 표면의 가장자리 부분의 색에 따라 와인의 특징을 알 수 있다. 해를 거듭할수록 녹색을 띤 노란색에서 연한 노란색, 레몬 노란색, 황금색, 보리색(밀짚색), 호박색으로 변화한다.

또한 「See(보다)」에서는 와인에 투명도를 확인해야 한다. 탁한 경우는 변질되거나 산화되었을 가능성이 있다.

이어 「Swirl(잔을 돌리다)」에서는 와인글라스를 돌려 점성을 확인한다. 글라스 안쪽에 와인 방울의 흔적이 뚜렷이 남을수록 점성이 높고 알코올 도수도 높다.

그리고 「Sniff and Smell(향을 맡다)」에서는 글라스를 기울여 향을 맡는다. 와인 향은 아로마와 부케로 나뉜다. 포도 본래의 향과 발효 단계에서 생기는 향을 「아로마」라 하고, 발효 후 오크통과 병 안에서 숙성하면서 생기는 향을 「부케」라고 한다. 각각 갖고 있는 향의 개성을 즐기자.

여기까지의 과정을 거치면 드디어 「Sip and Swish(한 모금 입에 머금고, 입 속에서 굴리다)」과 「Swallow or Spit(삼키다 또는 내뱉다)」이다. 와인을 입에 한 모금 머금고 입 안 전체로 맛을 느낀다.

혀는 부위에 따라 맛을 느끼는 곳이 다르다. 단맛은 혀의 앞쪽에서, 신맛은 혀의 양쪽 끝에서, 타닌은 잇몸으로, 알코올은 목 안쪽에서, 그리고 바디는 뒷맛이 지속되는 길이와 마셨을 때의 감촉으로 느껴보자.

- **See(보다)**

  와인마다의 색을 즐긴다. 와인에 탁함이 없는지 투명도를 확인한다.

- **Swirl(잔을 돌리다)**

  글라스를 돌려 점성을 확인한다. 글라스 표면에 와인 방울의 흔적이
  뚜렷하게 남을수록 점성이 높고 알코올 도수가 높다.

- **Sniff and Smell(향을 맡다)**

  글라스를 기울여 향을 맡고, 와인마다 지닌 향을 즐긴다.

- **Sip and Swish(한 모금 입에 머금고, 입 속에서 굴리다)**
- **Swallow or Spit(삼키다 또는 내뱉다)**

  단맛과 신맛은 혀로, 타닌은 잇몸으로 느끼면서 와인의 맛을 즐긴
  다. 그리고 마셨을 때 목 안쪽의 감촉으로 알코올을, 뒷맛이 지속되
  는 길이 등으로 바디를 느낀다.

프랑스 와인의
개성 있는 명품 조연들

깜빡 실수로 탄생한 샴페인이라는 기적

보르도, 부르고뉴와 함께 그 위상을 세계에 알리고 있는 곳이 샹파뉴다. 그 이름에서도 상상할 수 있듯이 일반인에게도 친숙한 샴페인을 생산한다.

샴페인은 흔히 와인의 일종이라고 생각하기 쉽지만, 샴페인이라는 이름을 내세울 수 있는 것은 프랑스 샹파뉴 지방에서 만들어진, 법률이 규정한 조건을 충족한 것뿐이다.

브랜드 관리가 철저하여 프랑스의 어느 유명 브랜드가 샴페인이라는 이름의 향수를 발매했을 때 곧바로 판매가 금지되었을 정도다. 예전에 「샴페인」이라고 적힌 캘리포니아 발포성와인을 본 적이 있는데

지금은 그것도 사라졌다. 일본에서도 메이지시대 초기부터 사용하던 「샴페인사이다」나 「소프트샴페인」이라는 탄산음료 이름이 사용 금지되었다.

샴페인은 품질 관리도 철저하다. 예를 들어, 샴페인의 핵심인 기포는 병내 2차 발효된 것에만 한정된다. 병내 2차 발효란, 병입한 와인에 당분과 효모를 첨가하여 다시 발효시켜서 탄산을 만들어내는 방법이다. 와인에 탄산을 넣거나 탱크에서 기포를 발생시켜 병입한 것은 샴페인으로 인정하지 않는다.

게다가 사용할 수 있는 포도 품종(주로 피노 누아, 피노 뫼니에, 샤르도네)과 숙성기간, 포도의 수확량, 최저 알코올 도수 등도 엄격하게 정해져 있다.

샴페인이 브랜드로서 확립한 이유는 이런 엄격한 규정으로 품질을 유지하고 철저한 관리로 브랜드를 지켜왔기 때문이다. 원정지에도 와인을 가져갈 정도로 엄청난 와인 애호가였던 나폴레옹이 「샴페인은 전투에서 이겼을 때는 마실 가치가 있고, 졌을 때는 마실 필요가 있다」고 말한 것도 이해가 간다.

또한, 샴페인은 오랜 숙성기간이 정해져 있는데, 숙성할 때 지하저장고를 이용하는 것도 샹파뉴의 특징이다.

샹파뉴는 고대 로마시대에 대량의 돌이 채굴된 곳이기도 해서 지하에 거대한 동굴이 존재한다. 그 중에는 전체 길이가 약 30km에 이르는 지하 저장고를 확보한 메종도 있을 정도다. 지하공간은 일 년

샹파뉴의 지하 저장고. ⓒgiulio nepi

내내 12℃ 전후로 항상 유지되며 샴페인 숙성에 가장 적당한 온도와 습도를 갖추고 있다.

이렇게 독자적으로 관리하고 있는 샹파뉴는 포도 재배와 와인 양조 방법도 다른 지역과는 조금 다르다.

보르도에서는 샤토가 포도밭을 소유하고 포도 재배부터 와인 양조까지 다 하지만, 샹파뉴에서는 샴페인에 사용하는 포도를 재배하는 전문업자가 약 1만6천 곳이나 있다. 실제로 샴페인을 만드는 양조장을 「메종」이라 부르며 그 수는 320개 정도다. 메종에 따라서는 자기 소유의 포도밭에서 수확한 포도만으로 양조하는 곳도 있고, 공동조

합에서 들여온 포도를 사용하는 곳도 있다.

그리고 그 공정과 제조 방법도 확실하게 라벨에 기재해야 한다. 라벨에 작게「NM」,「RM」이라고 쓰여 있는데, NM(Négociant−Manipulant, 네고시앙 마니퓔랑)은 대부분의 포도를 재배업자로부터 매입한다는 것을 의미하고, RM(Recoltant−Manipulant, 레코르탕 마니퓔랑)은 자사가 소유한 밭에서 재배하고 수확한 포도를 사용한다는 의미다.

물론 샴페인을 양조하는 메종뿐 아니라 포도 재배업자도 엄격히 관리된다.「포도는 수확 후 바로 압착해야 한다」,「포도줄기는 따서는 안 된다」,「포도의 1차 착즙과 2차 착즙을 명확히 구분한다」는 등 20개 이상의 기준이 정해져 있다.

또한, 포도 재배업자는 샹파뉴의 토양을 지키기 위해서도 적극적이다. 샹파뉴의 토양은 미네랄과 알칼리를 풍부하게 함유한 석회질로, 재배되는 포도 품종과의 궁합이 매우 좋다. 수백만 년 전에는 해저였던 미네랄 성분을 함유한 독특한 토양에서는 향이 풍성하면서도 산뜻한 샴페인의 맛으로 완성되는 포도를 생산한다. 포도 재배업자는 이런 토양, 그리고 환경까지 보호하여 가치를 높이는데 노력한다.

참고로 샴페인에는 빈티지가 기재되지 않은 것도 많은데, 이는 여러 해 수확한 포도를 블렌딩하여 만들기 때문이다. 샹파뉴에서는 그해 수확한 포도를 100% 사용하지 않으면 라벨에 빈티지를 기재할 수 없다는 규정이 있어서 논 빈티지(Non−Vintage)로 판매하는 것이다.

샴페인 중에서도 세계적으로 가장 유명한 것이 「돔 페리뇽(Dom Pérignon)」이다. 돔 페리뇽의 창시자로 불리는 사람은 피에르 페리뇽 (Pierre Pérignon) 수도사다. 1638년에 프랑스 북동부 샹파뉴 지방에서 태어난 페리뇽 수도사는 그 일생을 샴페인에 바쳤다.

사실 샴페인은 페리뇽 수도사의 「깜빡 실수」로 우연히 탄생하였다. 수도원에서 와인을 담당하게 된 페리뇽 수도사는 깜빡 잊고 와인을 저장고에 넣지 않은 채 바깥에 방치했고 몇 달 뒤, 그 와인병에서 기포가 올라오는 것을 발견했다. 추운 겨울 동안 바깥에 방치되어 미생물의 활동(발효)이 멈추었던 와인이, 봄이 오고 기온이 높아져 미생물이 다시 움직이기 시작하면서 병내 2차 발효가 일어나 기포가 생긴 것이다.

페리뇽 수도사는 조심스럽게 기포가 올라온 와인을 마셔보기로 했다. 그랬더니 매우 상큼하면서 마시기 쉬운 풍미였다. 이것이 후에 샴페인 제조의 힌트가 된 것이다. 그 후 페리뇽 수도사는 발포성와인의 품질을 거듭 개선하고 샴페인용 코르크를 발명하는 등 그 위업은 지금까지도 계속 이어지고 있다.

1794년 페리뇽 수도사가 평생을 바친 오빌리에 수도원과 포도밭을 모엣&샹동(Moët&Chandon)이 인수했다. 그리고 1930년 모엣&샹동은 「돔 페리뇽」의 상표권을 획득한다. 돔 페리뇽이라는 브랜드가 정식으로 탄생한 것이다.

돔 페리뇽의 첫 빈티지는 1921년이지만, 오랜 숙성을 끝내고 마침

고급 샴페인의 대명사라 할 수 있는 돔 페리뇽.

내 등장한 것은 1936년이다. 그 이후 모두가 인정하는 고급 샴페인의 대표적인 존재로서 와인계에 군림하고 있다.

앞서 말한 도리스 듀크 컬렉션에도 1921년 돔 페리뇽이 많이 보관되어 있었다. 과연 양조된 지 83년이나 지난 샴페인이 여전히 마실 수 있는 상태일까. 조심스럽게 그 중 하나의 코르크 마개를 열었을 때, 미량이지만 살짝 기포가 올라오는 모습에 놀랐다. 이 환상이라고도 할 수 있는 돔 페리뇽의 첫 빈티지는 예상 낙찰가의 몇 배나 되는 가격에 낙찰되었다.

그리고 1987년에는 루이뷔통이, 합병한 모엣＆샹동과 헤네시 코냑 (모엣 헤네시)을 인수하여 염원하던 돔 페리뇽을 손 안에 넣었다. 루이뷔통을 비롯해 셀린느, 펜디, 지방시, 마크 제이콥스 등을 산하에 둔 거대 LVMH(Louis Vuitton Moet Hennessy) 제국이 시작된 것이다. 그 후에도 LVMH는 유서 깊은 샤토를 차례로 사들였다.

참고로 돔 페리뇽은 품질을 유지하기 위해 좋은 포도가 자란 해에만 제조하는 것으로도 유명하다. 그만큼 품질을 담보한다는 것이 많은 일류층을 매료시키는 이유이기도 하다.

세계의 와인 투자가가 「론 와인」에 열광하는 이유

프랑스의 유명 와인산지인 론 지방에 대해서도 소개하겠다. 프랑스 남동부에 위치한 론에는 남북으로 약 200㎞, 동서로 100㎞에 걸쳐 광활한 포도밭이 펼쳐져 있다. 사실 론은 프랑스에서 최초로 와인이 만들어진 땅이기도 하며, 매우 오랜 역사를 지닌 와인산지다.

론에서 와인 제조가 본격적으로 시작된 것은 14세기였다. 그 무렵 70여 년이라는 짧은 기간이었지만 론 남부 아비뇽에 로마교황청이 있었다. 그 결과 가톨릭의 중심지가 된 론 남부는 와인산지로도 크게 번성하였다.

1309년 교황으로 추대된 클레멘스 5세가 아비뇽에 거처를 정하자, 많은 와인 관계자가 교황에게 바칠 와인을 제조하기 위해 이곳 아비

농으로 이주했다. 아비뇽 근처에는 샤토뇌프 뒤 파프(Châteauneuf-du-Pape)라는 와인산지가 펼쳐져 있는데, 이 시명도「교황의 새로운 성」이라는 뜻이다.

샤토뇌프 뒤 파프는 교황에게 와인을 바치는 마을로 발전했고, 그 곳에서 만들어진 와인은「신에게 사랑받은 와인」으로 불렸다. 절대적인 권력을 가졌던 역대 교황들도 샤토뇌프 뒤 파프를 중심으로 론 남부지방에 자신의 포도밭을 소유하고 있었다.

이렇게 해서 론에 와인 생산 기술이 뿌리내리고 조금씩 질 좋은 와인이 만들어지게 되었다. 그 기술은 지금도 여전히 론의 생산자들에게 계승되고 있다.

예를 들어, 론을 방문하면 포도밭 여기저기가 커다란 돌로 덮여 있는 것을 볼 수 있다. 이는 한낮의 열기로 달구어진 돌이 밤에도 이불처럼 온기를 보존해 낮과 밤의 일교차가 심한 론의 포도나무를 추위로부터 지키기 위한 오랜 비법이다. 이런 지혜가 몇 세기에 걸쳐 계승되고 있는 것이다.

이런 오랜 역사와 전통을 지닌 론이지만, 보르도나 부르고뉴에 비하면 그 지명도는 조금 낮을지도 모른다. 하지만 서양에는 열광적인 론 와인 팬이 존재한다.

그 인기의 이유는 숙성하면서 크게 달라지는 와인 표정에 있다. 어린 론 와인은 남성적이고 파워풀한 부분이 두드러진다. 하지만 숙성

큰 돌이 덮여 있는 론의 포도밭. ©Megan Mallen

하면서 여성스럽고 우아한 맛으로 변모한다.

생산한 지 몇십 년이나 지난 론 와인에서는 힘이 빠지면서 우아하고 품위 있는 맛이 연출된다. 어떤 최고급 와인에도 뒤지지 않는 풍성하고 요염한 매력을 지닌 것이 론 와인이다. 그 매력에 사로잡힌 론 와인 팬들은 좋은 빈티지 와인을 대량으로 구입하여 숙성하기를 느긋하게 기다린다.

또한, 타닌이 풍부하여 장기숙성에 적합한 론 와인은 투자 대상으로도 인기가 높다. 특히 서양의 투자가들은 론 와인에 선물투자를 하여 대량으로 구입하고 있다. 구입 후에는 최대한 와인을 이동시키지

로마네 콩티의 낙찰가격을 웃돈 적도 있는
1961년산 에르미타주.

않고 같은 곳에서 조용히 보관하다가 적정 시기에 시장에 판다.

사실 론 와인은 로마네 콩티보다 높은 낙찰가를 자랑했던 적이 있다. 2007년 9월 런던에서 열린 경매에서는 론 북부의 산지 에르미타주(Hermitage)에서 만들어진 1961년산 와인이 한 케이스(12병들이)에 12만 3,750파운드에 낙찰되었다.

이는 당시 로마네 콩티가 가장 높은 낙찰가를 자랑하던 1978년산(한 케이스 9만 3,500파운드)을 훨씬 웃도는 고가였다.

보르도도 부르고뉴도 아닌 론 와인이 로마네 콩티를 뛰어넘은 사건으로 와인 관계자들의 주변이 분주해졌다. 세계에 존재하는 오래된 론 와인, 특히 에르미타주를 손에 넣으려고 기를 쓰는 와인 관계자가 전 세계에서 론 와인을 찾기 시작한 것이다.

나도 론 와인을 선호하는 수집가들에게 출품을 부탁하고 돌아다녔는데, 아직 더 숙성시키고 싶다는 수집가가 있는 반면, 소유한 20개 이상의 론 와인 케이스를 모두 출품하여 큰돈을 번 수집가도 있었다.

이 일로 인해, 기록을 갈아치운 에르미타주뿐만 아니라 론 와인 전체의 가치가 올라갔다. 기록을 갱신한 이래 론 와인의 좋은 생산자와 좋은 빈티지는 투자 와인의 포트폴리오 물품으로서 정식으로 인정받게 되었다. 그때까지 한정된 팬 사이에서 매매가 이루어지던 론 와인 시장이 완전히 뒤바뀐 순간이었다.

관심 없는 루아르에 등장한, 혁신을 일으킨 생산자

루아르강 유역에 동서로 폭넓게 분포하는 루아르 지역도 프랑스가 자랑하는 와인 명산지 중 하나다. 루아르강은 프랑스에서 가장 길고 큰 강으로, 그 주위에는 유서 깊은 고성과 자연이 빚어낸 아름다운 풍경이 펼쳐진다. 「잠자는 숲속의 미녀」에 나오는 성의 모델이 된 고성도 루아르강 유역에 있다.

중세에 궁궐이 있던 루아르 지역은 성이 포도밭을 소유한 적도 있어서 예전에는 보르도 지방보다 와인 양조가 발전한 지역이었다. 하지만 현재는 고급와인의 생산은 적은 다소 존재감이 희미해진 곳이다.

그런데 최근 루아르에서 혁신적인 생산사가 탄생했다. 그 중 한 사람이 디디에 다그노(Didier Dagueneau)이다. 개성적인 외모 때문에「루아르의 이단아」라는 별명을 지닌 그는, 와인을 마시는 사람 모두를 포로로 만들어버리는 천재 양조가로 전 세계에 열렬한 팬이 존재한다.

다그노의 업적은 소비뇽 블랑 품종을 사용하여 세계 최고급 화이트와인을 만든 것이다.

소비뇽 블랑은 세계 각지에서 재배되는 비교적 재배하기 쉬운 포도 품종이다. 부르고뉴 등에서 사용하는 샤르도네 품종과는 달리 장기숙성에는 적합하지 않고, 굳이 말하자면 캐주얼와인용 품종이라고 할 수 있다. 또한 블렌딩하여 다른 포도의 맛을 높여주는 조연 역할로도 사용되어 고급와인용이라고는 말하기 어려운 품종이다.

하지만 다그노는 이 소비뇽 블랑을 100% 사용하여 상당히 묵직하면서 깊이 있는 심오한 풍미의 와인을 만들어냈다. 그가 만든 와인은 많은 평론가에게 극찬을 받았고, 와인 수집가라면 누구나 소유하고 싶어 하는 명품이 되었다.

그의 와인에 대한 집념은 토양에서 시작된다. 다그노는 1993년 당시로서는 아직 드물었던 바이오다이나믹(Biodynamic) 농법을 일찌감치 도입했다.

바이오다이나믹이란, 토양의 에너지와 천체의 움직임, 자연계의 파워를 끌어들여 포도의 생명력을 높이는 농법이다. 바이오다이나믹에 매료된 다그노는 토양과 환경을 중시하여 화학비료를 전혀 쓰지 않고, 경작도 말을 이용할 정도로 철저했다.

철학적이고 다소 정신적인 농법이어서 처음에는 다그노를 「괴짜」로 여겼지만, 지금은 이 바이오다이나믹을 도입한 생산자가 늘어나고 있다.

덧붙이면, 다그노는 단지 괴짜가 아니라 와인의 기초도 확실히 터득했던 사람이다. 보르도대학에서는 양조 기술을 배웠고, 부르고뉴의 신으로 추앙받는 생산자 고(故) 앙리 자이에에게는 와인 제조의 철학을 배웠다. 거기에 독자적인 스타일을 더해 상식을 파괴한 와인을 만들어낸 것이다.

그러나 안타깝게도 2008년 자신이 조종한 비행기 사고로 52세의 젊은 나이에 세상을 떠났다. 갑작스러운 그의 부고는 와인업계를 뒤흔들었다. 지금은 어릴 때부터 아버지 밑에서 와인 제조를 해온 아들과 그 스태프들이 다그노의 철학과 테크닉을 이어가고 있다.

다그노의 죽음으로 그가 살아있는 동안 만든 와인에는 희소가치가 붙어 지금은 1병에 20만 엔(약 200만 원) 가까이에 거래된다. 나도 다그노의 대표작 「아스테로이드(Asteroide)」를 마신 적이 있는데, 소비뇽 블랑에 대한 상식을 완전히 뒤바꿔버린 맛에 몹시 놀랐다.

화이트와인의 심오함, 그리고 소비뇽 블랑의 높은 잠재력을 다그노가 가르쳐주는 듯했다.

디디에 다그노의 대표작 「아스테로이드」.

루아르에는 다그노처럼 자연을 중시하는 혁신적인 생산자가 또 한 명 있다. 낭트에서 루아르강을 70㎞ 정도 거슬러 올라간 곳에 있는 앙주의 소뮈르 지역에서 철저하게 자연친화적으로 와인을 생산하는 올리비에 쿠쟁(Olivier Cousin)이다. 포도 재배부터 와인 양조까지 화학적인 것은 일절 사용하지 않는 와인을 만들고 있다.

쿠쟁은 산화방지제조차 전혀 사용하지 않는다. 보통은 오가닉 인증을 받은 생산자도 최소한의 산화방지제를 사용한다. 조금이라도 쓰지 않으면 병입한 후에도 병 속에서 발효가 진행되어 와인의 맛이

올리비에 쿠쟁이 만든 와인.

변하기 때문이다.

쿠쟁의 와인에서 작은 기포가 관찰될 때가 있는데, 이는 실제로 병 속에서 여전히 발효가 진행되고 있다는 증거다. 발효가 지나쳐서 추구하는 맛을 표현하지 못한 적도 있었지만, 그럼에도 쿠쟁은 「자연」을 고집한다.

철저하게 자연을 중시하는 쿠쟁은 애마로 밭을 경작하는 것은 물론, 와인 배송도 말로 나른다. 거리에서 쿠쟁의 와인이 마차로 운반되는 광경을 자주 볼 수 있다고 한다.

자연에 대한 쿠쟁의 유별난 집착은 할아버지로부터 물려받았다. 쿠쟁의 할아버지 역시 제초제나 화학비료를 사용하지 않았고, 쏘노도 전부 손으로 따서 수확했으며, 자연효모로 발효시키는 등 인공적인 방법을 사용하지 않는 제조를 이루어낸 분이다.

할아버지가 돌아가신 뒤 그 밭을 물려받은 쿠쟁은 보다 철저하게 자연의 힘을 받아들였다. 궁극적으로 자연을 중시하며 와인을 만드는 그는 앞으로도 와인업계에서 유일무이한 존재로서 계속 주목받을 것이다.

갑자기 터져버린 로제 혁명

여러분은「로제」라는 종류의 와인에 대해 들어본 적이 있는가? 레드도 화이트도 아닌 투명한 핑크색 와인이다.

로제와인은 그리스에서 2,600년 전부터 만들어졌지만, 당시에는 그저 레드와인의 실패작이었다. 옛날 양조법으로는 흑포도에서 색소가 제대로 추출되지 못한 채 만들어진 와인이 핑크색으로 완성될 때가 있었다. 실패작이라고는 해도 타닌이 적고 상쾌하며 깔끔한 로제와인은 무척 맛있었을 것이다.

현재 로제와인의 제조법은 크게 3종류이다. 첫 번째는, 레드와인과 마찬가지로 흑포도를 기본으로 만드는 방법이다. 짙은 색이 되기 전에 껍질을 제거하여 아름다운 핑크색으로 완성한다.

그리고 두 번째는, 화이트와인처럼 침용과정 없이 압착한 후 껍질을 버리는 방법이다. 이 경우 포도를 압착할 때 껍질 색소가 나와 옅은 핑크색으로 물든다.

세 번째 방법은, 흑포도와 백포도를 혼합하여 만드는 방법이다. 자주 착각하곤 하는데 레드와인과 화이트와인을 섞은 것이 아니다.

산지에 따라 이 중 하나의 방법으로 다른 스타일의 로제와인이 만들어진다. 차가운 로제와인은 목넘김이 산뜻하고 은은한 과일향과 신선하고 상쾌한 과일맛이 특징이다.

사실 최근 이 로제와인이 세계적으로 인기를 끌고 있다. 특히 미국에서는 로제의 인기가 갑자기 높아져 「로제 혁명」이라고 할 정도로 새로운 흐름이 생겼다.

원래 로제와인은 1990년대에는 「블러시 와인(Blush Wine)」(Blush─볼을 붉히다), 「화이트진」(White Zinfandel, 하얀 진판델 품종이라는 뜻으로 약간의 조롱하는 듯한 뉘앙스가 있다) 등으로 불린, 종이팩이나 덕용사이즈 병에 들어있는 값싸고 달콤한 와인이었다.

하지만 최근 몇 년 사이에 지금까지의 로제와인의 맛과 이미지가 완전히 새로워졌다. 패션지나 인테리어 분야의 미디어를 통해 와인에 익숙하지 않았던 밀레니얼 세대 여성의 마음을 사로잡은 로제와인은 SNS에서 「#yeswayrose」라는 해시태그가 유행할 정도로 젊은 세대를 중심으로 큰 주목을 끌었다.

미국 내 로제와인의 소비 분포도와 SNS 발신지를 보면, 뉴욕 교외

샤토 미라발의 로제와인.

의 고급 휴양지 햄튼이 가장 많고 마이애미비치, 말리부가 뒤를 잇는다. 이들 지역은 누구나 동경하는 아름답고 부유한 곳이며, 패션과 트렌드에 민감한 사람들이 모이는 곳이다.

고급 휴양지에 모이는 신흥 부자들, 팔로워가 많은 젊은이들이 아름다운 바다에 떠 있는 호화로운 요트에서 마시는 스타일리시한 로제와인의 병이나, 야자수를 배경으로 태양에 반사되어 반짝반짝 빛나는 로제와인의 글라스와 함께 찍은 셀카사진을 SNS에 올리면서 로제와인의 인기는 점점 더 높아졌다.

크리스마스 시즌에는 로제샴페인을 선호하고, 발렌타인데이에는 로맨틱한 로제와인이 인기를 끄는 등 거의 1년 내내 로제가 소비되고 있다.

또한 할리우드 스타가 로제와인을 프로듀싱한 것도 인기를 뒷받침 했다. 2008년에는 브래드 피트와 안젤리나 졸리가 남프랑스의 와이너리를 구입하여 로제와인을 판매했다.

두 사람이 프로듀싱한 로제와인「샤토 미라발(Cheateau Miraval)」은 단순한 셀럽와인이 아닌, 실력을 제대로 갖춘 로제로서 인기가 높아져 판매 첫날 1시간에 6,000병이나 팔렸다.

최근에는 미국의 록밴드「본 조비」의 존 본 조비(Jon Bon Jovi)도 새롭게 로제와인 발매에 나섰다. 엄청난 와인 애호가로 알려진 그가 판매하는「다이빙 인투 햄튼 워터(Diving into Hampton Water)」는 2018년 가장 추천하는 로제와인으로 일찌감치 미국에서는 품절된 상태다.

이렇게 요즘 한창 뜨는 로제와인의 생산지로 유명한 곳이 프랑스의 프로방스 지방이다. 지중해에 접한 바캉스 인기지역이기도 하고, 프랑스에서 만들어지는 로제와인의 약 40%가 이곳에서 생산된다.

미국을 중심으로 한 로제의 인기로 프로방스 지방의 수출량은 2001년부터 지금까지 50배 가까이 증가했다. 프로방스에 있는 샤토 데스클랑(Chateau d'Esclans)은 2006년에 불과 1만 케이스에 불과했던 로제 생산량이 2016년에는 36만 케이스로 늘었다고 한다. 이 가운데

위스퍼링 엔젤

20만 케이스는 미국에서 소비되고 있다.

그리고 세계에서 가장 인기 있는 로제로 불리는 와인이 샤토 데스 클랑의 「위스퍼링 엔젤(Whispering Angel)」이다. 이 와인의 생산량도 나날이 증가하여 2018년에는 약 320만 병이나 판매되었다.

미국 소비가 급증하면서 로제와인은 그야말로 버블 상태인데, 미국에서의 인기는 반드시 일본이나 한국으로도 유입될 것으로 본다. 조만간 가까이에서 로제와인을 자주 보게 될지도 모르겠다.

미국이 욕심냈던 남프랑스의 토지는?

론이나 프로방스와 마찬가지로 남프랑스의 와인 생산지로 주목받고
있는 곳이 랑그도크루시용 지방이다. 오랜 역사를 자랑하는 프랑스
최대의 포도 산지 중 하나인 랑그도크루시용은 미국의 로버트 몬다
비(Robert Mondavi)사가 가장 탐낸 프랑스의 토지이기도 하다.

미국 기업은 풍부한 자본력을 이용하여 고급 포도 재배에 적합한
잠재력 높은 토지를 점찍어 와인 비즈니스를 시작하는데, 몬다비도
역시 해외 와이너리와 연달아 사업을 전개하였다.

몬다비와 샤토 무통 로쉴드(Château Mouton-Rothschild)의 콜라보
로 만들어진 와인「오퍼스 원(Opus One)」은 세계 최고의 캘리포니아
와인을 만든다는 콘셉트 아래 대성공을 기두었고, 이탈리아의 노포
와이너리 프레스코발디(Frescobaldi)와 합작한 벤처에서도 참신한 라
벨이 특징인「루체(Luce)」라는 이름의 와인을 만들어 인기를 얻었다.

풍부한 자금을 바탕으로 수많은 와인사업을 해온 몬다비는 1993년
에 주식을 공개했다. 그리고 거액의 자본을 밑천으로 마침내 와인의
본가인 프랑스에 본격적인 진출을 시도했다.

그때 몬다비가 주목한 곳이 랑그도크루시용이다. 당시 남프랑스
와인은「값싸고 대중적인 와인」으로 정착되어 있었는데, 실제로는 풍
부한 일조량과 다른 곳과 비교할 수 없을 정도로 질 좋은 토양을 가
진 땅이었기에 사장인 로버트 몬다비는 거기에 주목하였다.

몬다비는 남프랑스에 진출하려고 현지의 포도 재배업자가 수확한 포도를 100% 사용한「비숑 메디테라니앙(Vichon Mediterranean)」을 프랑스 시장에 발표했다. 그러나 유서 깊은 와인산지의 주민들이 미국 대기업의 진출을 좋게 생각할 리가 없었다. 결국 몬다비의 시도는 실패로 끝났고, 그 와인은 거의 팔리지 않아 많은 손해를 보았다.

그런데도 포기하지 않은 몬다비는 당시의 시장이나 정치가와 접촉하여 적극적인 로비 활동을 벌였다. 그리고 와이너리를 설립할 토지를 랑그도크루시용 지방의 아니안(Aniane) 마을로 정하고 진출 계획을 발표했다.

정치가와 인맥이 두터웠던 몬다비는 주민과 재배업자들의 승인을 얻는 데도 성공하여 순조롭게 계획을 진행하였다.

그런데 이 계획에 크게 반대하는 인물이 나타났다. 아니안 마을에서 와이너리를 운영하고「마스 드 도마스 가삭(Mas de Daumas Gassac)」의 소유자이기도 한 에메 기베르(Aime Guibert)이다. 마스 드 도마스 가삭은 보르도의 고급와인을 방불케 하는 깊이와 섬세함을 겸비한 와인으로「남프랑스는 값싼 와인산지」라는 오명을 벗게 한 와인이기도 하다.

기베르는 마스 드 도마스 가삭을 설립할 때 토지의 성질과 특징을 철저히 조사하여, 이 땅이 고급와인용 포도 재배에 최적이라는 사실을 알고 있었다. 그렇기 때문에 기베르는 아니안 마을의 장래성을 소리 높여 호소했다.

랑그도크루시용 사람들에게 있어 남프랑스에 고품질 와인의 이미지를 만들어준 마스 드 도마스 가삭의 존재는 컸고, 다른 생산자들 역시 세계를 상대로 영업하기가 수월해진 것은 기베르 덕분이라고 생각하였다.

몬다비사의 진출로 지역이 윤택해지리라 믿었던 주민들도 점차 지역 영웅의 말에 귀를 기울이게 되었다. 그 결과 「와인산업도 맥도날드화 되어버린다」, 「침략자 몬다비」 등 철저하게 반대쪽으로 돌아선 주민이 늘어나 몬디비는 궁지에 몰리고 말았다.

그리고 결정적으로 몬디비사의 진출 계획을 전면 반대하던 공산당의 마뉴엘 디아스가 지방의회 선거에서 아니안 마을의 리더가 된 것이다. 그 결과 진출 계획에 반대하는 결의가 통과되었고, 몬디비사의 남프랑스 진출은 이루지 못한 꿈이 되고 말았다.

하지만 풍부한 일조량, 넓은 땅 그리고 포도가 자라기 쉬운 토양을 간직한 남프랑스의 토지는 앞으로도 많은 투자가와 와인 생산자가 노릴 것이다. 제2의 몬다비사가 나타날 날도 그리 멀지 않았다.

괴테도 사랑한 알자스 와인

프랑스의 와인 생산지 중에서도 독특한 곳이 알자스 지방이다. 프랑스 북동부에 위치한 알자스는 스위스와 독일의 국경에 접해 있다. 그 서늘한 기후에서 생산된 와인의 약 90%는 화이트와인으로, 주요 품종은 리슬링, 게뷔르츠트라미너, 피노 그리, 피노 누아 등이고, 이들을 블렌딩하지 않고 단일 품종으로 사용한다.

이 지역에서 본격적으로 와인 제조가 시작된 시기는 6세기 말로, 게르만족의 민족대이동 이후였다. 그리고 중세에 들어서자 알자스는 주요 교역 경로였던 라인강을 통해 유럽 각지로 와인을 수출했다. 포도 재배와 와인 양조, 판매까지 알자스의 와인사업은 크게 발전했다.

특히 알자스의 주교와 수도원은 특권을 부여받아 다른 생산자보다 유리한 조건으로 와인사업에 관여하여 큰 이익을 얻었다. 지금도 알자스의 스트라스부르에 우뚝 솟아 위엄을 뽐내고 있는 노트르담 대성당이 당시의 번영을 대변한다.

와인 교역이 번성한 알자스에 와인 거래, 품질 관리, 와인 감정을 담당하는 「구르메」라는 업자가 탄생한다. 훗날 미식가를 뜻하는 「구르메」의 어원이 된 사람들이다. 구르메가 인기 사업이 되자 알자스는 와인뿐 아니라 구르메 마을로도 발전해갔다.

그런데 프랑스혁명이 일어나 라인강 경로가 막히면서 알자스의 와인 수출량이 급감하였다. 게다가 알자스는 훗날 전쟁으로 인해 독일과 프랑스의 치열한 소유권 분쟁에 휘말려 포도밭도 잘게 쪼개졌다. 그 결과 지금도 포도밭 하나에 많은 생산자가 존재한다.

이런 역사적 배경으로 독일에 귀속된 적도 있는 알자스에서는 독일 와인과의 유사점을 많이 볼 수 있다. 알자스 와인병이 독일과 마찬가지로 가늘고 긴 형태인 것도 그 영향이다.

　또한 알자스에서 자주 사용하는 포도「리슬링 품종」도 원산국은 독일이다. 리슬링은 세계 생산량의 약 60%가 독일에서 재배되며, 프랑스에서 리슬링을 사용하는 곳은 알자스가 유일하다.

　리슬링을 중심으로 만든「VT」는 알자스의 명품이다. VT란「방당주 타르디브(Vendanges Tardives, 늦은 수확)」를 의미한다. 수확 시기를 맞은 완숙 포도송이를 일부러 나무에 남겨두고 건포도 같은 상태로 만든 후 당도가 오른 단계에서 수확한 포도로 만든 와인이다.

　또한,「SGN(Sélection de Grains Nobles, 셀렉시옹 드 그랑 노블)」이라는 와인도 유명하다. 이 와인은「그랑 노블 = 귀부(귀부균)」이 붙어 당분이 높아진 포도만을 골라 사용한 귀부와인인데, 같은 귀부와인으로 유명한 소테른 지방은 주로 세미용 품종과 소비뇽 블랑 품종을 사용하기 때문에 그 맛이 다르다.

　알자스 중에서도 진트 훔브레히트(Zind Humbrecht)와 바인바흐(Weinbach)는 VT와 SGN의 걸작을 만들어낸 제조자로 유명하다. 특히 좋은 빈티지였던 1990년산은 파커로부터도 극찬을 받았다.

알자스 지방에서 볼 수 있는 가늘고 긴 형태의
와인병. ⓒMichal Osmenda

독일의 시인이자 소설가인 괴테도 알자스 와인에 매료된 사람 중
하나다. 알자스 지방에 하숙한 적이 있어서 알자스와의 인연이 있
는 문화인이기도 한 괴테는「와인 없는 식사는 태양이 뜨지 않는 하
루다」,「시시한 와인을 마시기에 인생은 너무 짧다」라는 명언을 남겼
고, 자신의 오리지널 와인을 만들 정도로 와인을 좋아했다. 아마도
괴테는 자신의 오리지널 와인을 만든 최초의 유명인이 아닐까 한다.

와인글라스의 모양은 왜 다를까?

와인의 매력 중 하나가 섬세하고도 복잡미묘한 풍미다. 같은 와인이라도 숙성기간에 따라 맛이 전혀 다르고, 병에서 따른 뒤에도 글라스 안에서도 몇 초마다 맛이 달라진다. 물론 함께 먹는 식사에 따라서도 풍미가 변화하고, 서브하는 온도에 따라서도 바뀐다.

이런 섬세한 와인을 즐기기 위해 특히 주의해야 하는 것이 「와인글라스」다. 고르는 모양에 따라 와인의 맛이 크게 달라진다.

와인글라스의 모양이 다른 이유는, 와인의 종류나 포도의 품종에 따라 「향을 즐기는 방식」, 「공기와 접촉시키는 정도」, 「적당한 온도」, 「입에 머금는 방법」 등이 달라지기 때문이다.

예를 들어, 레드와인용 글라스는 화이트와인용 글라스보다 몸통 둘레를 더 크게 만드는데, 이는 공기와의 접촉으로 타닌의 떫은맛을 완화시키기 위해서다. 반대로 화이트와인은 차가울 때 다 마실 수 있도록 작게 만들어진다.

또한 레드와 화이트의 차이뿐만 아니라 산지와 포도 품종에 따라서도 와인글라스는 달라진다. 예를 들어, 카베르네 소비뇽을 위한 글라스는 세로로 긴 타원형이다. 이는 타닌이 풍부하고, 공기와 접촉할수록 와인이 열리는 포도의 특징을 살리려고, 입에 넣을 때까지 공기와의 접촉 시간을 길게 하여 보다 향기로운 풍미를 표현하기 위해서다.

반면, 피노 누아를 위한 글라스는 몸통(bowl)이 둥근 형태로 입 닿는 부분(lip)이 좁다. 피노 누아는 섬세하고 복잡한 향이 특징이므로, 와인이 공기에 닿는 면적을 넓히면서도 그 향을 가두듯이 입에 닿는 부분이 좁은 것이다. 최근에는 몸통 폭만 넓히고 입 닿는 부분은 좁히지 않고 그대로 둔 타입도 나오고 있다.

화이트와인을 위한 글라스는 입구가 좁아지지 않는데, 이는 와인을 입에 머금었을 때 그대로 혀 전체에 퍼져 혀 양쪽에서 신맛을 제대로 느끼게 하기 위해서다.

특히 몽라셰(Montrachet)처럼 산미가 부드럽게 응축된 와인은 입구가 넓은 글라스를 고른다. 혀 전체로 풍미가 번지고 부드러운 산미와 과일맛, 버터나 크림 같은 질감을 맛볼 수 있다.

반면 샤블리(Chablis)로 대표되는, 산미와 미네랄이 단단한 샤르도네에는 신맛을 느끼는 혀의 양쪽에 직접 닿지 않도록 입구가 오므라진 형태의 글라스를 고른다.

리슬링을 위한 잔은 산미, 과일맛, 쓴맛의 균형을 느낄 수 있는 스타일이다. 와인이 혀끝에서 혀의 가운데로 흘러들어 과일맛을 캐치하여 향을 즐길 수 있게 디자인되었다. 또한 리슬링을 위한 글라스도 샤르도네와 마찬가지로 산미를 너무 강하게 느끼지 않게 디자인되었다.

그 외의 와인 중에서 샴페인은 플루트(flute)라 불리는 가늘고 긴 글라스를 주로 사용한다. 샴페인의 특징인 기포가 아름답게 떠오르게 하기 위한 형태다. 또한 일반적으로는 별로 볼 수 없지만, 쿠프(coupe)라는 샴페인글라스도 있다.

최근 주목받고 있는 로제와인은 화이트와인 글라스를 대신 자주 사용하지만, 원래 빨리 가볍게 마시는 타입의 와인이므로 글라스에 얽매이지 않는 것이 본래 즐기는 방식이다.

또한 모든 글라스에 공통되는 것이 「얇은 글라스일수록 와인을 맛있게 마실 수 있다」는 점이다. 두꺼운 글라스에 따른 와인은 금세 온도가 변하지만, 얇은 글라스는 와인 온도와 조화를 이루므로 맛있게 마실 수 있다.

레드

카베르네 소비뇽

입에 닿을 때까지의 시
간을 길게 하여 보다 좋
은 향과 맛을 이끌어낸
다. 보르도 와인과 잘 맞
는다.

피노 누아

섬세한 향을 가두듯 입
에 닿는 부분이 좁아진
다. 부르고뉴 글라스로
도 불린다.

화이트

샤르도네 / 리슬링

기본적으로 화이트와인에서는 산미를 느끼게끔 하
려고 입구를 오므리지 않지만, 산미가 단단한 타입
인 샤르도네나 리슬링을 위한 글라스는 신맛을 느끼
는 혀의 양쪽에 와인이 직접 닿지 않게 하려고 입구
가 오므라져 있다.

샴페인

플루트

샴페인의 특징인 기포
가 아름답게 잘 피어오
르게 하기 위한 모양.

쿠프

서양에서는 옛날부터
사용해온 샴페인글라
스. 지금은 별로 볼 수
없다.

음식과 와인과
이탈리아

음식이 먼저인가?
와인이 먼저인가?

이탈리아 와인의 느슨한 등급 체계

와인으로 프랑스와 어깨를 나란히 하는 나라는 이탈리아다. 프랑스가 그러했듯이 와인이 고대 로마인에 의해 각국으로 전해져 세계 공통의 음료가 된 사실은 이탈리아인의 자랑이다.

이탈리아의 와인 생산량은 와인 전통국 프랑스를 제치고 세계 1위다. 수출량도 세계 2위이며 서민적인 와인부터 최고급 와인까지 다양한 이탈리아 와인이 소비대국 미국을 중심으로 전 세계에 유통되고 있다(생산량과 수출량 모두 2017년 통계 기준).

이탈리아에서는 모든 주에서 와인이 양조되며, 각 지역의 토양과 기후의 특징을 살린 와인이 생산된다. 오랜 역사 속에서 작은 국가들

이 분리와 대립을 반복해온 이탈리아는 각 지방이나 지역, 도시에 따라 문화와 역사적 배경이 크게 다르다. 따라서 지방색이 강하고 각 지방마다 독자적인 풍토와 식문화가 존재하듯 와인의 종류도 다양하다.

토착 품종이라 불리는, 그 지역에서만 재배되는 포도 품종은 2천여 종류가 있다고 추정한다. 프랑스의 품종이 약 100여 종이라는 사실을 고려하면 현격히 많다는 것을 알 수 있다. 폭넓은 품종으로 만들어지는 이탈리아 와인은 적당한 가격의 와인부터 고급와인까지 소비자의 요구에 맞춘 다양한 상품 구성을 자랑한다.

덧붙이면 이탈리아에서는 부담 없이 가볍게 마시는 와인의 경우, 일반적으로 격식을 갖춘 매너나 규칙이 필요 없다. 내가 토스카나 지방에서 트라토리아(trattoria, 간단한 음식을 제공하는 소규모 식당)에 들렀을 때도 카운터에 와인과 플라스틱컵이 아무렇게나 놓여있었다. 그야말로 자유롭게 마시라는 분위기다.

시험 삼아 치즈와 생햄, 채소 등을 곁들여 플라스틱컵으로 와인을 마셔봤는데, 상당히 맛있었고 현지의 신선한 식재료와 와인의 궁합이 매우 좋았다. TPO(Time · Place · Occasion)에 맞춰 때로는 글라스나 마시는 방식에 얽매일 필요가 없다는 넉넉한 아량이 이탈리아 와인의 특징이다.

가볍게 마시는 이탈리아 와인은 미국시장에도 자리를 잡았다. 뉴욕을 중심으로 한 동부지역에서는 자국의 캘리포니아 와인은 물론, 일반적으로 이탈리아 와인을 많이 찾는다. 뉴욕이나 보스턴에 이탈리아계나 이탈리아 이민자가 많은 것도 관계가 있을지 모르지만, 그 이상으로 이탈리아 와인이 격의 없이 마시기 쉽다는 점이 인기를 뒷받침하는 것 같다.

어떤 것을 선택해도 마시기 쉬운 이탈리아 와인은 와인 초보자도 주눅들지 않고 캐주얼하게 즐길 수 있다. 와인 선택이 망설여지면 이탈리아 와인을 선택한다는 뉴요커도 많이 있을 정도다.

그렇긴 하지만 이탈리아가 와인이라는 장기를 프랑스에 **빼앗겼다**는 사실은 부정할 수 없다. 패션이나 자동차로 세계적인 명성을 얻은 것처럼 와인으로는 그 명성을 얻지 못했다.

이탈리아가 세계적인 와인 브랜드를 다수 만들지 못한 원인 또한 역시 이탈리아인의 넉넉한 아량에 있다. 나쁘게 말하자면 엄격하지 않은 「느슨함」 때문이다.

프랑스는 원산지통제명칭법(AOC)에 따라 그 품질과 브랜드를 나라에서 엄격히 관리하는 사실은 앞서 말한 대로다. 또한 부르고뉴에는 포도밭에, 보르도에는 샤토에 지역의 독자적인 등급 체계가 있다. 이런 엄격한 규정에 의해 와인의 품질이 유지되는 것이다.

물론 이탈리아에도 원산지통제명칭법이 있다. 이탈리아 와인은 이 법으로 산지에 등급을 매기는데 가장 엄격한 규정을 통과한 산지는 「DOCG(통제보증원산지명칭 와인)」, 그 아래가 「DOC(통제원산지명칭 와인)」, 「IGT(지역특성표시 와인)」, 「VdT(테이블 와인)」 등의 순서로 4단계 등급이 설정되어 있다. 현재 DOCG로 인정된 산지는 74곳이며, DOC는 약 330곳이다.

참고로 2009년부터 실시된 유럽의 신와인법에 의해 이 등급 체계는 약간 바뀌었다. 신와인법에서는 DOCG와 DOC를 합쳐 「DOP」로 표기한다. 하지만 실제로는 여전히 DOCG나 DOC 표기를 사용하는 곳도 있기 때문에, 구와인법과 신와인법을 다 기억할 필요가 있다.

이렇게 지금도 계속되는 이탈리아 원산지통제명칭법이지만, 프랑

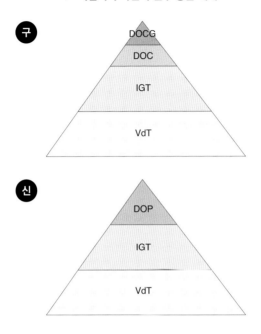

● 이탈리아 와인의 신구 등급 체계

구

DOCG
DOC
IGT
VdT

신

DOP
IGT
VdT

스와는 달리 법률로 확실하게 구분하기가 상당히 애매한 실정이다.

　DOCG에 선정된 산지라도 반드시 품질이 동반된 것은 아니다. 애매한 구분 탓에 질 낮은 와인이 나돌아 브랜드 이미지가 하락한 산지도 있었을 정도다.

　게다가 정치적인 사정으로 이름뿐인 DOCG도 늘어나 생산자들의 불만이 더욱 심해졌다. 그 결과, 원래 DOCG 획득은 「국가가 품질을 보증한다」는 보증서를 받는 것인데, 많은 생산자가 DOCG 획득에 매력을 느끼지 못하게 되어버렸다. 등급에 구애받지 않고 독자적인 스타일로 와인을 만드는 생산자도 등장했다.

이런 느슨한 관리로 품질과 브랜드를 담보하지 못한 점이 이탈리아 와인이 프랑스에 뒤처진 큰 이유 중 하나다. 가볍고 캐주얼한 국민성이 이탈리아 와인의 좋은 면에도 안 좋은 면에도 드러난 것이다.

이탈리아 와인과 향토요리의 훌륭한 마리아주

프랑스에 비해 이탈리아가 세계적인 와인 브랜드를 많이 구축하지 못한 이유는 그 스타일의 차이에도 있다. 왕후와 귀족들이 찾은 프랑스 와인에 비해 이탈리아 와인은 서민에 녹아들었고, 질보다 양을 중시한 생산이 이루어졌다. 따라서 이탈리아 와인은 원래 해외가 아닌 현지에서 소비되는 양이 압도적으로 많았던 것이다.

궁중요리와의 마리아주를 중시한 프랑스 와인에 비해, 이탈리아에서는 향토요리나 지방색이 강한 이탈리아 요리와 끈끈하게 연결된 와인을 자주 볼 수 있다.

이탈리아 와인과 각 지방의 향토요리와의 관계는 「The Chicken or The Egg(닭이 먼저냐 달걀이 먼저냐)」라고 표현될 정도다. 남북으로 길게 뻗은 이탈리아에는 지역에 따른 향토요리가 다양하게 존재하는데, 와인에 맞춰 향토요리가 발전했는지, 향토요리에 맞춰 와인이 만들어졌는지는 지금도 와인 관계자가 모이면 논쟁을 벌인다.

예를 들어, 지중해 중앙에 위치한 사르데냐 섬은 정어리의 영어 명 「사딘(sardine)」이 지명의 어원이라 할 정도로 정어리가 많이 잡히고, 향토요리도 해산물이 중심이다. 따라서 생선요리에 어울리는 화이트와인을 주로 마시는데, 사르데냐 섬의 토착 품종인 베르멘티노(Vermentino) 100%로 만든 와인은 해산물로 만든 향토요리와 그 궁합이 뛰어나다.

특히 정어리는 함께 마시는 와인에 따라 비린내가 두드러지기도 하는데, 베르멘티노 와인과 먹으면 신기하게도 정어리의 감칠맛이 돋보이는 상승효과를 가져온다. 일식 중에는 시샤모가 와인과의 마리아주가 가장 어렵다고들 하는데, 베르멘티노 품종으로 만든 와인과 함께 먹으면, 시샤모의 단맛과 부드러움이 입 안 가득 퍼진다.

또한 이탈리아 남부에는 바다에 둘러싸인 시칠리아 섬이 있다. 토마토 등의 채소와 신선한 해산물로 만든 시칠리아 요리에도 역시 현지 와인을 당해낼 조합은 없다. 결코 고가의 와인은 아니지만 향토요리와 함께하면 왠지 최고로 맛있는 명품이 된다.

참고로 말하면 이탈리아 남부에서는 알코올 도수가 낮은 와인이 생산되는데, 이는 낮부터 와인잔을 손에 들고 수다를 떠는, 한 번 말을 꺼내면 멈추지 않는 남부 이탈리아인을 위해서다. 그래서 물이나 주스와 같은 감각으로 오래 마실 수 있는 가벼운 와인이 생산되는 것이다.

한편, 이탈리아 북부는 고기요리가 메인인데, 여기서도 역시 향토 요리와 현지 와인이 절묘하게 잘 어울린다.

예를 들어, 알프스산맥 기슭에 있는 피에몬테주는 강추위를 견딜 수 있도록 고기요리나 유제품을 사용한 요리, 찜요리가 주류를 이룬다. 이런 묵직한 요리에는 묵직한 맛의 피에몬테 와인을 함께하면 틀림없다.

피에몬테는 화이트 트러플(송로버섯)이 유명하여 고기나 크림 타입의 파스타, 리소토에 듬뿍 뿌려 그 풍미와 향을 즐긴다. 이 화이트 트러플 요리에도 역시 피에몬테에서 만든 레드와인 「바롤로(Barolo)」가 최고의 조합이다.

이처럼 이탈리아는 남북으로 사람들의 생활방식이나 습관이 각양각색이어서 와인의 맛과 스타일에도 그 차이가 나타난다. 이탈리아 와인을 선택할 때는 고기요리라면 북부 와인을, 생선요리에는 남부 와인을 선택하는 것만으로도 요리와의 멋진 마리아주를 즐길 수 있다.

또한 이탈리아에는 지역에 따라 다양한 치즈가 있기 때문에 그 지역의 와인과 함께 맞추어보는 것도 좋다.

파르메산 치즈로 알려진 에밀리아로마냐주는 「람브루스코(Lambrusco)」라는 알코올 도수가 낮은 미디엄스위트의 레드 스파클링와인이 특산인데, 차가운 람브루스코와 염분이 강한 파르메산 치즈와의 궁합은 일품이다. 이 지역은 생햄도 유명하여 현지에서는 식전에 생햄과 작게 자른 파르메산 치즈를 안주 삼아 람브루스코를 마시는 것이 대표적인 기본 스타일이다.

베네토주에서 생산하는 「아지아고(Asiago)」라는 세미하드 타입의 치즈는 맛이 무난하여 이탈리아 식탁에 매일 오를 정도로 인기 있는 대표 치즈다. 아지아고와는 편하게 매일 마실 수 있는 와인을 함께 해보자. 이탈리아에서는 베네토에서 만드는 「프로세코(Prosecco)」라는 스파클링와인과 함께 가볍게 즐긴다고 한다.

이탈리아 제일의 고급와인 산지 「피에몬테」의 양대 거두

이탈리아를 대표하는 와인산지는 피에몬테주와 토스카나주다. 특히 피에몬데주는 이탈리아 제일의 와인산지이며, DOP 인정 생산지가 이탈리아에서 가장 많은 주다. 피에몬테 산지의 약 90%가 DOP로 인정되어서 그야말로 고급와인을 생산하는 지역이라 할 수 있다.

피에몬테에 있는 고급와인 산지 중 세계적으로 유명한 곳이 랑게 지역에 있는 바롤로(Barolo)와 바르바레스코(Barbaresco) 마을이다.

바롤로에서는 3,000년 그 이전부터 와인을 제조해왔다. 이 지역에서 처음으로 와인을 만들게 한 사람이 로마군을 이끈 카이사르라고 알려져 있다. 카이사르 자신이 무엇보다 바롤로 와인에 매료되어 갈리아전쟁에서 돌아올 때 바롤로 와인을 대량으로 로마에 가져갔다고 한다.

바롤로의 품질이 눈에 띄게 향상된 시기는 이탈리아가 통일된 19세기 무렵이다. 이탈리아 통일의 영웅 카보우르가 프랑스 와인학자를 이 지역에 초청하여 바롤로 와인의 개량에 나선 것이 시작이다. 그에 따라 지금의 바롤로 와인의 기초가 마련되었고, 오늘날까지 그 와인 양조가 계승되었다.

1787년에는 훗날 미국의 대통령이 된 토머스 제퍼슨에 의해 바롤로의 존재가 유럽 전역에 알려졌다. 당시 유럽 각국을 돌며 다양한 와인을 맛본 제퍼슨의 영향력이 커서, 제퍼슨이 좋아한 와인은 금세 소문이 날 정도였다. 제퍼슨은 바롤로에 대해「보르도처럼 매끄러우면서 샴페인처럼 생기가 넘친다」는 코멘트를 남겨, 바롤로의 명성이 단숨에 유럽으로 퍼졌다.

「The King of Wines, the Wines of Kings(와인의 왕, 왕의 와인)」으로 불리는 바롤로는 감미로운 향과 압도적인 힘을 겸비한, 다른 곳에서는 절대 만들지 못할 유례없는 와인이다.

프랑스에서는 블루치즈를 상대할 수 있는 와인이 단맛을 지닌 귀부와인뿐이라 여겨 특히나 단맛이 진한 소테른의 귀부와인과 함께 먹는데, 피에몬테에서도 현지에서 만든 블루치즈 타입의 고르곤졸라에는 어떤 강한 맛에도 밀리지 않는 바롤로나 바르바레스코가 어울려 함께 마신다.

참고로 말하면, 바롤로라는 이름을 내걸려면 바롤로 마을 부근의

DOCG로 규정된 지역에서 수확한 네비올로(Nebbiolo) 포도 품종만 사용해야 한다.

숙성기간도 엄격히 정해져 있어서 바롤로의 경우는 38개월, 바롤로 리제르바의 경우는 62개월이다(숙성기간이 더 길다는 것을 나타낼 때 이탈리아에서는 「리제르바」라고 표기한다).

판매 시기도 수확하고 4년 이후, 리제르바는 6년 이후로 정해져 있어서 생산자들은 오랫동안 투자금을 회수할 수 없다. 보르도처럼 프리미르 시스템(선물거래)이 확립되어 있지도 않아서 바롤로 리제르바를 생산하는 제조자가 적고 생산량도 한정되어 있다.

게다가 오랜 숙성을 거쳐 정식으로 출하한 후에도 최소 4~5년은 묵혀야 진정한 바롤로의 풍미가 생긴다. 참을성 있게 기다리면 파워풀하고 농후한 맛에 오묘함까지 섞인, 어떤 와인보다도 뛰어난 위엄이 생긴다. 길고 긴 숙성을 거쳐 드디어 「와인의 왕」에 걸맞은 풍미에 도달하는 것이다.

하지만 최근에는 장기숙성이 필요 없는 바롤로도 탄생했다. 독자적인 스타일을 자랑하는 「바롤로 보이즈(Barolo Boys)」라 불리는 근대파가 만든 와인이다.

이들이 만드는 바롤로는 젊고 신선하며 장기숙성이 필요 없다. 출시 후 바로 마실 수 있는 스타일이 요즘 시대에 잘 맞았는지 젊은 세대를 중심으로 인기가 높아지고 있다.

장기숙성형의 중후한 전통파, 그리고 신선하고 젊은 근대파가 잘

공존하면서 다양한 스타일을 표현하는 것이 바롤로의 흥미로운 부분
이기도 하다.

반면, 바르바레스코는 그 지명도가 바롤로에 밀리지만 이곳도 최고
급 레드와인을 생산하는 유명산지다. 생산자가 「바르바레스코」라
고 내세울 와인을 만들려면, 바롤로와 마찬가지로 네비올로 품종만
100% 사용하는 것이 조건이다.

　바르바레스코는 「이탈리아 와인의 황제」라는 별명을 갖고 있으며,
이탈리아를 대표하는 제조자 안젤로 가야(Angelo Gaja)에 속해 있다.
17세기 중반 무렵부터 이어진 가야 가문의 4대 안젤로 가야는 이탈리
아의 전통적인 와인산지에서 프랑스계 품종을 사용하고, 와인 이름
을 독특하게 붙이는 등 상식에 얽매이지 않는 혁신적인 제조자로도
알려져 있다.

　1978년 가야는 갑자기 바르바레스코 밭에서 네비올로 품종을 뽑아
내고 프랑스 품종인 카베르네 소비뇽을 심었다. 당시 이탈리아 특히
피에몬테는, 와인 제조에 있어서 프랑스를 라이벌로 여겨 이탈리아
의 토착 품종을 사용하는 독자적인 양조법을 고수하던 시대였다. 그
런 시대에 가야는 밭에 있는 포도나무를 모두 프랑스 품종으로 바꿔
심은 것이다.

　누구보다 놀라움을 감추지 못한 사람은 아버지 지오바니(Giovani
Gaja)였다. 그는 「안타깝기 그지없다(이탈리아어로 「다르마지」)」고 탄

식했다. 가야는 그 아버지의 마음을 와인 브랜드로 이름 붙였고, 이렇게 하여 카베르네 소비뇽을 메인으로 한 「다르마지(Darmagi)」가 탄생하였다.

피에몬테주가 규정한 포도 품종을 사용하지 않은 다르마지는 DOCG 바르바레스코가 아닌 DOC 랑게로 출시된다. 다르마지의 출현과 성공은 바르바레스코 땅에는 네비올로밖에 맞지 않는다는 그때까지의 고정관념을 뒤집었다.

또한 1960년대에 가야는 세계에서 처음으로 바르바레스코의 단일 포도밭 와인(싱글 빈야드. 밭의 한 구획에서 만들어진 와인)을 출시했다. 자신이 소유한 밭 가운데 특히 개성적인 3개의 밭 「소리 산 로렌조(Sori San Lorenzo)」, 「소리 틸딘(Sori Tildin)」, 「코스타 루씨(Costa Russi)」를 단일포도밭 와인(싱글 빈야드)으로 출시한 것이다.

그리고 1996년산부터는 네비올로 품종 100%로 만들던 싱글 빈야드에 바르베라 품종 5%를 블렌딩하였다. 다만 「DOCG 바르바레스코」라고 하려면 네비올로를 100% 사용해야 하므로, 가야의 싱글 빈야드는 DOCG를 내세울 수 없게 되었다.

하지만 가야는 DOCG를 고집하지 않고 등급을 낮춰 「DOC 랑게」로 출시하였다. 「DOCG 바르바레스코」 등급을 버리면서까지 타협하지 않고 맛을 추구하는 것이 가야의 와인 철학이다.

바롤로에서 가야가 만든 「스페르스(Sperss)」와 「콘테이사(Conteisa)」도 마찬가지로 싱글 빈야드인데, 여기에도 가야는 바르베라 품종

가야가 「DOC 랑게」로 등급을 낮추어 내놓은 와인.
왼쪽부터 「스페르스」, 「다르마지」, 「콘테이사」, 「코스타 루씨」, 「소리 산 로렌조」, 「소리 틸딘」.

을 약 10% 더해 「DOC 랑게」로 판매하였다.

　그러나 가야의 뒤를 이은 딸이 2013년산부터 싱글 빈야드 시리즈
를 모두 100% 네비올로 품종으로 되돌렸기 때문에 등급을 DOCG로
복귀시켰다.

지나친 유명세? 키안티를 덮친 비극

이탈리아를 대표하는 또 하나의 와인산지는 토스카나주다. 피에몬테와 어깨를 나란히 하는 고급와인 산지인데, 피에몬테가 부르고뉴처럼 단일포도 품종으로 와인을 많이 만드는데 비해, 토스카나에서는 보르도처럼 포도를 블렌딩하는 생산자가 많다.

토스카나에서 세계적으로 가장 유명한 와인이라면 「키안티(Chianti)」일 것이다. 이탈리아 와인산지 중에서도 특히 오랜 역사를 지닌 키안티에서는 기원전에 포도를 재배했고, 중세에는 이미 와인 양조가 성행했다는 기록이 남아있다. 피렌체의 부유한 상인과 귀족을 고객으로 하여 예부터 와인산지로 번성했던 것이다.

친숙한 이름의 키안티는 일본에서도 1980년대에 인기가 급등하여 화제가 되었다. 짚으로 싼 둥근 병(피아스코)을 기억하는 사람도 많을 것이다.

중세에는 토스카나를 중심으로 이 짚에 싸인 병이 주류였으며, 일반적인 와인병이 보급되기 전까지는 이 피아스코가 사용되었다. 15세기 토스카나 지방의 그림에도 이 병이 자주 보인다. 키안티는 이 독특한 병을 복제하여 브랜드 전략을 시도하였다.

모양이 특이해서 일본에도 대량 수입되었지만, 그 독특한 형태가 유통에 적합하지 않고 가게에 장식하기에도 공간을 차지했기 때문에 오래 유지되지는 못했다. 심플함을 선호하는 요즘 시대에는 비즈니

짚에 싸인 병이 특징인 키안티.

스적으로 잘 맞지 않았을지도 모른다.

다만 여전히 키안티라고 하면 짚에 싸인 피아스코를 떠올리니 마케팅 방법으로는 성공적이었을 것이다.

키안티는 질 나쁜 와인이 나돌아 그 브랜드가 실추됐던 과거가 있다. 사실 르네상스 시대부터 해외에 이름을 떨쳤던 키안티는 예부터 위조품이 나돌 정도로 인기가 많은 와인이었다.

1716년에는 가짜 키안티가 많이 나도는 사태에 위기감을 느낀 토스카나의 대공 코지모 3세에 의해 키안티를 만들어도 되는 지역을 구분하여 제한하였다.

하지만 「키안티」라는 이름이 붙으면 무조건 비싸게 팔리던 시대였기에, 제한구역에서 살짝 벗어나 있는 생산자와 유착하여 제한구역을 넓히거나, 키안티로 위조한 와인을 파는 등 그 상황은 개선되지 않았다.

또한 제한구역 안에 있던 생산자도 「키안티」라는 브랜드에 안주하여 와인을 대충 만드는 등 그 품질이 점점 떨어져버렸다.

이런 사태를 개선하기 위해 1932년에는 처음에 정한 제한구역을 「키안티 클라시코」로 하고, 넓어진 제한구역을 「키안티」로 하여 구별하였다. 요컨대 예전부터 키안티를 만들던 지방만이 키안티 클라시코라는 명칭을 사용할 수 있다는 규칙을 정해 조악한 와인이 유통되는 키안티와의 차별화를 노린 것이다.

게다가 1996년에는 키안티 클라시코가 DOCG를 획득하여 키안티 클라시코라는 이름을 내걸려면 포도 품종과 블렌딩 비율, 숙성기간 등 독자적인 기준을 통과해야만 했다. 2012년에는 키안티 클라시코 지역에서 키안티 생산도 금지되어 그 차별화가 더욱 명확해졌다.

참고로 키안티 클라시코에는 「검은 닭」이 심벌마크로 병에 들어가는데, 그 배경에는 재미있는 전설이 있다.

중세시대에 피렌체와 시에나가 아직 다른 국가였을 때의 이야기다. 양국의 경계선을 정해야 할 때, 각각의 나라에서 말을 탄 기사가 출발해 서로 만나는 지점을 경계선으로 하기로 했다. 그리고 출발 신

키안티 클라시코만 사용할 수 있는 심벌마크인
검은 닭.

호는 각 나라가 고른 닭이 아침에 제일 먼저 울었을 때로 정했는데,
시에나는 흰 닭을 피렌체는 검은 닭을 골랐다.

피렌체는 전날부터 닭에게 일부러 모이를 주지 않았고, 굶주린 닭
이 아침 일찍부터 울기 시작하자 그 소리와 동시에 피렌체의 기사는
말을 타고 뛰쳐나갔다. 일찌감치 출발한 피렌체의 기사는 거의 시에
나 근처까지 달려 나가 키안티 영역이 포함된 대부분의 땅이 피렌체
공화국의 영지가 된 것이다.

피렌체가 고른 이 검은 닭을 키안티 클라시코는 승리의 상징으로
사용하게 되었다. 지금도 키안티 클라시코의 와인만이 이 심벌마크
를 병에 붙일 수 있다.

전 세계 와인 애호가가 탐내는 슈퍼 토스카나

최근 토스카나주의 「슈퍼 토스카나(Super Toscana)」라는 고급와인이 주목을 끌고 있다. 1990년대 무렵부터 생산하기 시작한 슈퍼 토스카나는 바롤로나 바르바레스코와 같은 특정지역의 이름이 아니다.

슈퍼 토스카나란 「토스카나에서 만든 법에 얽매이지 않는 와인」으로, 이탈리아 와인법에 정해진 품종이나 제조법에 구애받지 않고 최고 품질의 맛을 추구하는 와인이다. 캘리포니아의 고급와인을 방불케하는 풍미로 미국에서는 지금 공전의 슈퍼 토스카나 붐이 일고 있다.

슈퍼 토스카나의 선구자라 할 수 있는 것이 「사시카이아(Sassicaia)」다. 사시카이아는 1940년대에 보르도의 샤토 라피트 로쉴드로부터 카베르네 소비뇽 품종의 모종을 물려받아 자사의 밭에서 재배를 시작했다.

당시 이탈리아에서는 프랑스계 포도를 사용하는 것이 금기로 여겨졌지만, 사시카이아는 일부에서 들리는 비판이나 모함에도 아랑곳하지 않고 프랑스 품종으로 이탈리아 와인을 생산하기 시작하여 본격적인 판매에 나섰다.

이탈리아 등급 체계의 최소 조건인 「현지의 포도 품종을 사용한다」를 지키지 않은 사시카이아는 와인 품질과 관계없이 「테이블 와인(VdT)」이라는 최저 등급을 받았다.

하지만 그 평판이 점차 높아지면서 등급을 고집하지 않는 이탈리

슈퍼 토스카나의 선구로 여겨지는 사시카이아.

아의 생산자들이 사시카이아의 뒤를 이으려고 자유로운 발상으로 정말 맛있는 와인 양조를 추구하기 시작했다.

그 움직임을 뒷받침한 것이 이탈리아 이외의 국가에서 사시카이아가 높은 평가를 받은 일이었다. 1978년 영국의 권위 있는 와인잡지 《디캔터》가 사시카이아를 「베스트 카베르네 소비뇽」으로 선정했다.

1985년산은 미국의 와인평론가 로버트 파커가 흠잡을 데 없다며 100점 만점을 주었다. 이탈리아 와인 중에 최초로 파커 포인트 100점을 획득하는 쾌거를 이룬 것이다. 1985년산의 출시 가격은 1병에 몇

파커 포인트 100점을 받은 2008년산 마세토.

만 원이었지만, 지금은 300만 원 이상의 가격이 붙는다.

테이블 와인이라는 최하위 등급이면서 최고의 평가를 받은 사시카이아는 이탈리아 와인의 새로운 물결인 「슈퍼 토스카나」의 상징이 되었다.

그 붐을 타고 1987년에 발표된 와인이 「마세토(Masseto)」이다. 이탈리아의 신생 와이너리 「오르넬리아(Ornellaia)」가 프랑스의 메를로 품종 100%로 만든 마세토는 모두 파커 포인트 고득점을 획득했다. 파커 포인트 100점을 받은 2006년산 마세토는 지금은 옥션에서도 손에 넣기 힘든 빈티지다. 2007년산, 2008년산 역시 2018년에 열린 홍콩

옥션에서 한 케이스(12병들이)가 11만6850홍콩달러(약 1700만 원)라는 높은 낙찰가를 기록했다.

많은 평론가로부터 받은 높은 평가에 힘입어 슈퍼 토스카나는 미국시장에도 진출하여 성공을 거두었다. 기존 양조법을 중시하지 않는 미국 소비자들은 등급을 내던지고 독자적인 스타일을 고집한 슈퍼 토스카나의 마인드를 영웅적으로 받아들였다.

2005년에는 크리스티스에서 오르넬리아의 데뷔 빈티지 20주년을 기념한 옥션이 열렸는데, 여기서도 슈퍼 토스카나는 호평을 받았다.

경매 전날에 열린 마세토 테이스팅 디너에는 메를로 와인의 대명사인 페트뤼스(Petrus)와 르 팽(Le Pin)의 수집가들이 초대되어 같은 메를로 품종으로 만든 마세토를 시음했다.

테이스팅을 한 수집가들은 하나같이 마세토에 매료되고 말았다. 미국인이 좋아하는 파워풀하고 리치한 풍미에 섬세함을 갖춘 신선한 매력은 프랑스파였던 수집가들의 마음도 사로잡았다.

다음날 옥션에서는 점찍어둔 마세토를 차지하려고 동분서주하는 참가자들이 속출했고, 당연히 낙찰가도 예상을 크게 뛰어넘는 고액이었다(지금은 그 가격의 3배다).

슈퍼 토스카나의 성공 배경에는 이렇게 거대한 미국시장을 사로잡은 것을 이유로 들 수 있다. 미국이라는 거대 시장을 손 안에 넣고 그 실력을 급속도로 키운 것이다. 요즘에는 이탈리아 와인으로는 상식을 넘는 고액에 거래되고 있다.

하룻밤에 유명해진 이탈리아의 신데렐라 와인은?

이탈리아 와인산지 중에 특히 눈부신 발전을 이룬 곳이 토스카나주의 몬탈치노 지역이다. 14세기부터 와인을 양조한 이 지역의 와인은 역사는 깊지만 품질은 그에 못 미쳐서, 원래는 다른 나라에 수출할 만한 것이 아니었다. 따라서 몬탈치노의 생산자들은 현지에서 소비되는 와인 생산에 만족하고 있었다.

그런 지역에 혁명을 일으킨 것이 「브루넬로 디 몬탈치노(Brunello di Montalcino)」라는 와인의 창시자로 불리는 「비온디 산티(Biondi–Santi)」였다. 19세기 중반 무렵 유럽을 덮친 해충 필록세라가 몬탈치노에도 상륙하면서 비온디 산티의 포도밭도 궤멸 직전에 놓였다.

그러던 어느 날 당시의 주인 페루치오 비온디 산티(Ferruccio Biondi Santi)는 자기 농원에서 산지오베제 품종이 돌연변이된 포도를 발견한다. 변이된 포도는 그때까지 사용하던 산지오베제에 비해 농축된 진액이 가득한 과일맛으로, 산도도 타닌도 풍부했다. 절묘한 밸런스를 지닌 포도였던 것이다.

「해충 피해를 입은 몬탈치노 지역 전체를 재건하려면 이 변이된 포도가 필요하다!」 이렇게 생각한 페루치오는 즉시 신품종을 연구하고 육성하여 재배에 착수했다.

그런데 이 신품종은 장기숙성이 필요해 바로 출하가 되지 않기 때문에 자금 회수를 서두르고 싶은 가난한 생산자들에게는 까다로운

조건의 품종이었다. 그 결과 많은 생산자가 신품종 재배를 포기하고 몬탈치노를 떠나버렸다.

하지만 남은 불과 몇 명의 생산자들이 신품종 포도를 계속 재배하고 와인을 양조하여, 몬탈치노는 서서히 이 신품종으로 주목받게 되었다. 나중에 이 신품종은 브루넬로 품종이라는 이름이 붙여졌고, 몬탈치노 지역의 와인은 「브루넬로 디 몬탈치노」로 불리게 되었다.

이렇게 주목받은 결과 1960년에는 불과 11개 사였던 몬탈치노 생산자가 약 250개 사까지 늘어났고, 지금은 세계 유수의 고급와인 산지가 되었다.

현재 몬탈치노에서는 유명한 생산자가 여럿 탄생하여 전 세계 컬렉터들이 산지에 뜨거운 시선을 보내고 있다. 개성을 지닌 독특한 제조자가 연이어 탄생하고 있는 것이다.

특히 주목받고 있는 제조자가 카사노바 디 네리(Casanova di Neri)다. 카사노바 디 네리는 2006년에 열린 권위 있는 와인 테이스팅에서 보기 좋게 1위를 차지하여 일약 스타 반열에 올랐다.

이 테이스팅은 미국의 와인잡지《와인 스펙테이터》가 매년 실시하는 블라인드 테이스팅이다. 엄격하고 공정한 심사방법으로 매년 상위 100병의 와인을 선정하는 이 테이스팅은 일반 소비자뿐 아니라 와인업계 관계자도 신뢰한다. 결과에 따라서는 무명의 와인이 하룻밤에 신데렐라 와인이 될 수도 있다.

바로 2006년에 이 권위 있는 테이스팅에서 1위에 빛난 와인이 카사 노바 디 네리가 만든 2001년산 「브루넬로 디 몬탈치노 테누타 누오바 (Brunello di Montalcino Tenuta Nuova)」였다. 만장일치로 높은 평가를 받은 카사노바 디 네리는 하룻밤 사이에 이탈리아를 대표하는 생산 자가 된 것이다.

독특한 이력의 카제 바세(Case Basse)사도 완고한 철학을 가진 브루넬로 디 몬탈치노의 생산자이다. 1972년에 창업한 카제 바세는, 보험회 사 직원이었던 지앙프랑코 솔데라(Gianfranco Soldera)가 와인 양조에 열정을 품고 몬탈치노 지역에 토지를 구입해 카제 바세 와이너리를 만들면서 시작되었다.

독자적인 철학에 따라 에코시스템 환경을 갖추고 재배도 양조도 오가닉으로 하는 카제 바세의 와인은 고급와인으로 인기를 끌었다.

그런데 고급와인으로 순조롭게 성장하던 중에 2012년 카제 바세에 비극이 덮친다. 숙성 중인 2007~2012년산 와인 6년분이 대형 오크통 에서 흘러나와 버렸다. 무려 85,000병에 해당하는 양이었다.

이 사건을 두고 옥신각신한 논란 끝에 솔데라는 몬탈치노 협회에 서 탈퇴해버린다. 자신의 신념을 관철시킨 결의였다고 한다.

협회에서 탈퇴한 카제 바세는 2006년산 빈티지부터는 「IGT 토스카 나」로 판매하고 있다. 하위 등급인 IGT라고 해도 품절이 속출할 만 큼 인기여서 본국 이탈리아에서도 좀처럼 만나기 어렵다.

메디치 가문도 사랑한 최고급 레드와인「아마로네」

이탈리아의 베네토주도 소개하겠다. 이탈리아 북동부에 위치하고 평야와 구릉지대가 이어져 있는 베네토는 포도 재배에 타고난 지역이다. 중세시대에 이미 독일과 오스트리아에 수출할 정도로 예부터 와인 양조를 해온 산지이기도 하다.

지역에 따라 기후가 크게 달라지는 베네토에서는 기후와 토양에 따라 레드와인, 화이트와인, 발포성와인 등 다양한 종류의 와인이 생산된다. 그 생산량은 이탈리아에서도 1위를 자랑할 정도다.

베네토에서 유명한 와인으로 발포성와인「프로세코(Prosecco)」가 있다. 발포성와인의 대명사가 될 정도로 국내외에서 인기가 있으며, 2010년에는 최고 등급인 DOCG로 승격하는 등 품질 향상이 눈부신 유망주다. 해외에서도 인기가 많아 식전주로 사랑받고 있다.

또한 베네토에서는 전체 생산량의 약 70%를 화이트와인이 차지하는데, 가르다 호수 주변에서 만들어지는 화이트와인「소아베(Soave)」가 유명하다. 소아베는 아드리아해의 해산물과 궁합이 뛰어나며, 적당한 가격의 데일리 와인으로 인기를 얻고 있다.

그리고 베네토에서 가장 주목해야 할 와인이「아마로네(Amarone)」이다. 로미오와 줄리엣으로 친숙한 베네토주 베로나 지역에서 한정된 생산자에 의해 소량 생산되는 최고급 레드와인이다.

베네토가 자랑하는 발포성와인
프로세코의 한 종류.

최고급 레드와인으로 유명한
아마로네의 한 종류.

　감미로운 풍미의 아마로네는 「마음도 몸도 녹아버린다」고 표현할
정도로 매우 매끄럽고 섹시한 와인으로, 예전에는 왕후와 귀족만 맛
볼 수 있는 희소성이 높은 사치품이기도 했다.

　아마로네가 사치스러운 호화 와인으로 여겨진 이유는 그 제조법
때문이다. 아마로네를 완성하기 위해서는 오랜 세월이 필요하다.

　우선 당도가 충분히 올라간 양질의 포도만을 정성스럽게 선별하여
수확한다. 그리고 그 포도를 대나무로 만든 발 위에서 4개월 동안 응

달건조시켜 건포도 같은 상태로 만들어 당도를 높인다.

수분이 빠지고 당도가 올라간 포도는 천천히 발효된다. 충분한 시간을 들여 발효시킴으로써 아마로네의 매력인 벨벳이 입에 닿는 듯한 감촉과 우아함이 뛰어난 부드러운 와인으로 완성된다. 이렇게 숙성하는 데 2~6년이 필요하다. 게다가 병입 후 다시 1~3년을 숙성시켜야 출하할 수 있다. 이렇게 오랜 시간을 들여 정성스럽게 그리고 사치스럽게 만들어야 유일무이한 아마로네가 탄생하는 것이다.

참고로 아마로네라는 이름의 유래는 《신곡》으로 유명한 단테의 후손과 연관이 있다고 한다.

정쟁에 휘말려 피렌체에서 추방당한 단테는 현재의 아마로네 산지에 자리를 잡았다. 그리고 1353년에 단테의 후손이 이 지역(Vaio Armaron, 바이오 아마론)에서 농원과 포도밭을 구입하여 아마로네를 만들기 시작했다. 이 아마론이라는 지명이 아마로네의 어원이 되었다고도 전해진다.

오랜 역사를 지닌 아마로네는「맛보는 예술」로도 표현되어 각 시대마다 역사적 인물에게도 사랑을 받아왔다. 화려한 가문으로 불린 메디치가도 아마로네를 각별히 사랑하여 그 발전을 도왔다.

토스카나 대공국의 군주로서 피렌체를 지배하고 부와 문화를 만방에 펼친 메디치가는 막대한 재력으로 르네상스의 문화 · 예술 · 음악을 지원했다. 메디치가는 피렌체의 일족이었지만, 베네토주에서 생산하는 아마로네를 무척 좋아하여 빈번하게 들여왔다고 한다.

요염한 아마로네의 맛은 예술을 각별히 사랑한 메디치가의 혀마저 매료시켰던 것이다.

샴페인 이상의 실력!? 업계가 기대하는 프란치아코르타

세계적으로 유명한 발포성와인이라 하면 프랑스의 샴페인이 대표적이다. 샴페인은 프랑스 샹파뉴 지방의 엄격한 규정을 충족한 발포성와인의 이름이며, 최고의 샴페인 돔 페리뇽(Dom pérignon)의 오래된 빈티지는 1병에 1000만 원 아래로 내려가지 않는다. 옥션에서도 컬렉터들이 혈안이 되어 돔 페리뇽을 낙찰 받는다. 샴페인이라는 브랜드는 때로는 사람들의 금전 감각을 미쳐버리게 만드는 매력을 지녔다.

그런 샴페인에 대한 열기를 다소 진정시킬 수 있는 것이 이탈리아의 발포성와인 「프란치아코르타(Franciacorta)」이다. 프란치아코르타는 북부 이탈리아 롬바르디아주의 프란치아코르타 지역에서 생산되며, 이탈리아 최초로 DOCG의 인증을 받은 발포성와인이기도 하다.

이탈리아에서는 DOCG의 기준이 애매하다고 앞서 이야기했지만, 프란치아코르타는 상당히 까다로운 규정을 마련하여 프란치아코르타 협회에서 엄격하게 심사한다. 1헥타르당 정해진 포도의 수확량은 샴페인보다 적어서 포도의 대량 생산으로 인한 품질 저하를 방지한다.

또한 병입 숙성기간은 샴페인의 최소 숙성기간인 15개월보다 긴 18~60개월 이상 걸린다. 게다가 병입 숙성 후에도 중요한 숙성과정

프란치아코르타에서 생산된 발포성와인.

을 거친다. 숙성기간을 채우고 병입 2차 발효가 끝난 와인병은 병 안에서 기포와 와인을 조화시키는 공정이 의무화되어 있다. 기포를 가라앉히기 위해 온도와 습도가 조절된 창고에서 수개월에서 수년간 보관한 후에야 출하가 인정되는 것이다.

이렇게 충분히 숙성시키기 때문에 맛이 깊어지고, 입에 닿는 감촉이 섬세해지며, 화려한 기포가 탄생한다. 우아하고 기품 있는 맛은 샴페인에 전혀 뒤지지 않는다.

하지만 안타깝게도 이 브랜드의 파워나 인지도는 샴페인에 한참

못 미치는 것이 현실이다. 최근에는 프란치아코르타 협회가 적극적으로 마케팅을 펼치고 있지만 아직 결실을 거두지 못하고 있다.

프란치아코르타의 생산자도 100개 사 정도로, 그 수는 샴페인에 비해 고작 5%에 불과하다. 따라서 유통량이 적고 각국으로의 수출도 저조하다. 「프란치아코르타」라는 브랜드를 세계에 알리려면 샴페인처럼 대량 생산이 필요하지만, 실제로는 대부분이 이탈리아 국내 소비로 끝나버린다. 게다가 샴페인을 훨씬 뛰어넘는 엄격한 규정이 의무화되어 있어 새로운 생산자가 늘어나기 어려운 것도 현실이다.

이처럼 프란치아코르타는 아직 역사가 짧고, 샴페인처럼 부가가치가 생기는 단계에는 이르지 못했지만, 커다란 잠재력을 지닌 산지라는 사실은 틀림없다.

와인병의 모양과 크기

여러분은 와인병의 모양에 차이가 있다는 사실을 혹시 알고 있는가? 와인병의 모양
은 크게 「보르도 타입」과 「부르고뉴 타입」으로 나눌 수 있다.

보르도 타입의 와인병은 「각진 어깨」로 불리며 어깨선이 올라간 형태다. 보르도 와
인은 타닌이 많이 함유된 장기숙성형이어서 앙금(타닌이나 폴리페놀이 결정화된 것)
이 많이 생긴다. 와인을 글라스에 따를 때 이 앙금이 들어가지 않도록 어깨선에 찌꺼
기가 쌓이는 각진 어깨모양이 선호된 것이다.

반면, 부르고뉴 와인은 보르도 와인에 비해 찌꺼기나 침전물이 적기 때문에 와인병
이 「처진 어깨선」이다.

부르고뉴에서는 예부터 카브(cave)라고 불린 지하실에 와인을 저장했는데, 좁은 공
간에 낭비 없이 효율적으로 보관하기 위해서라도 와인을 교차로 넣을 수 있는 이 형
태를 선호한 것이다.

이들 와인병의 형태는 기본적으로 산지마다 규정이 있어, 허가되지 않은 형태의 병

부르고뉴형

앙금이나 침전물이 적은 부르고
뉴 와인은 보관하기 쉽도록 「처
진 어깨」 형태.

보르도형

장기숙성했을 때 되도록 앙금이
글라스 안에 들어가지 않게 「각
진 어깨」 형태.

모양으로 판매하는 것은 금지되어 있다. 다만, 메도크 등급 체계에서 1등급에 빛나는 샤토 오브리옹(Château Haut-Brion)만은 독자적인 형태를 사용한다. 목이 길고 처진 어깨에 가까운 와인병인데, 1958년산부터 이런 형태다.

또한, 병의 크기(용량)에도 다양한 타입이 있다. 일반적인 용량은 750㎖로, 프랑스어로는 부테유(bouteille), 영어로는 보틀이라 부른다. 그 2배인 1,500㎖ 사이즈는 매그넘(Magnum)이라 불리며, 경매에서도 자주 유통되는 사이즈다.

그 외에도 와인병에는 크기가 10종류 이상 있고, 현재 생산되는 가장 큰 와인병의 용량은 30ℓ(와인병 약 40개 분량)에 이른다.

그리고 각 크기의 와인병에는 성서에서 유래한 이름이 붙여져 있다(보르도 타입의 와인병은 부르는 이름이 다소 다르지만).

예를 들어 6,000㎖(와인병 8개 분량) 크기는 「므두셀라(Methuselah)」라고 하는데, 이는 구약성서 창세기에 등장하는 장로의 이름이다. 969세까지 살았다는 므두셀라는 홍수에서 살아남은 노아의 선조이며, 인류 최초로 포도원에 포도나무를 심었다고 전해지는 인물이다.

9,000㎖ 크기(와인병 12개 분량)에는 「살마나자르(Salmanazar)」라는 이름이 붙는데, 이 또한 구약성서에 등장하는 아시리아의 군주 샬마네세르 3세(Shalmaneser Ⅲ)에 의해 이름이 지어졌다고 한다.

이밖에도 여로보암(Jeroboam, 북이스라엘의 초대왕), 발타자르(Balthazar, 그리스도를 예배하러 온 동방박사 중 한 명), 네부카드네자르(Nebuchadnezzar, 신 바빌로니아의 왕) 등 성서에서 유래한 이름이 많은데, 여기에서도 역시 와인은 기독교와 떼려야 뗄 수 없는 관계라는 사실을 알 수 있다.

유럽이 자랑하는 노장들의 실력

「싼 게 비지떡」이라는 이미지를 쇄신한 신생 스페인 와인

와인 생산량 세계 3위인 스페인은 프랑스나 이탈리아와 마찬가지로 오래 전부터 와인을 양조해온 나라다.

드넓은 대지와 찬란하게 빛나는 태양을 가진 스페인에서는 기원전부터 포도를 재배해왔다. 고대 그리스인에 의해 와인 양조가 전해지고 로마제국에 의해 생산 기술이 향상된 스페인은 현재 포도 재배 면적과 와인 생산량에서 프랑스, 이탈리아와 어깨를 나란히 하는 와인 대국이다.

유럽의 다른 나라들이 부러워할 정도로 풍부한 일조량을 자랑하는 스페인에서는 예전에는 알코올 도수가 높고 타닌이 풍부한 와인을 만들었다. 이런 특징을 살려 서늘한 기후에서 생산되는 맛이 약한 프랑스나 독일 와인의 블렌딩용으로도 사용되었기 때문에, 장기보존이 가능하고 해외 수송에 적합한 와인 양조가 활발했다.

이런 스페인다운 파워풀한 와인 양조의 전통은 지금까지 계속해서 이어지고 있다.

스페인의 전통적인 와인 중 하나인 「셰리(sherry)」는 세계 3대 주정강화와인(알코올을 강하게 한 와인)의 하나로 안달루시아주의 명품이다. 브랜디 등 알코올 도수가 높은 술을 넣어 당분과 알코올 성분을 높임으로써 깊은 맛을 내는 셰리와인은 식전주, 식후주, 칵테일 등 TPO에 맞추어 다양한 스타일로 즐긴다.

3대 주정강화와인 중 나머지 둘은 포르투갈에서 만들어지는 마데이라(Madeira)와 포트와인(Port Wine)이다. 알코올 성분을 높이는 이유는 포르투갈이나 안달루시아 지방처럼 더운 산지에서 와인의 산화와 열화를 방지하는 것이 목적이다.

스페인 식당 등에서 자주 보는 「상그리아(sangria)」의 본고장도 스페인과 포르투갈이다. 와인에 과일이나 향신료를 첨가한 가향 와인으로 현지에서는 따뜻하게도 즐긴다. 상그리아는 원래 맛없는 와인을 마시기 쉽게 만든 것이 시초였는데, 최근에는 와인에 과일이나 주스를 넣어 칵테일로 즐기는 사람도 늘어나고 있다.

이런 독특한 와인을 만들어낸 스페인은 불안정한 국내 상황이 지속되면서 와인 양조도 오랫동안 침체되었고, 질적인 면에서도 프랑스와 이탈리아에 뒤처지고 있는 것은 부인할 수 없다. 프랑스와 이탈리아에 비해 대표적인 와이너리가 많이 적은 것도 사실이다.

하지만 그럼에도 숨은 명품은 여럿 존재한다. 예를 들어, 1879년에 설립된 쿠네(Cvne)사가 만든 와인도 스페인의 명품이다. 스페인에서도 법률로 와인의 품질을 엄격히 규정하여 부르고뉴처럼 토지마다 등급이 매겨져 있는데, 쿠네는 최고 등급인 「DOCa」의 토지 리오하(Rioja)에 밭을 소유한 와이너리다.

그중에서도 미국의 와인잡지 《와인 스펙테이터》가 2013년 베스트 와인으로 선정한 「쿠네 임페리얼 리오하 그란 레세르바(Cvne Imperial Rioja Grand Reserva)」는 미국의 와인숍에서도 금세 품절될 정도였다.

그리고 최근에는 DOCa보다 낮은 등급인 DO에서도 높은 평가를 받은 와인이 나왔다. 예를 들어, DO등급 산지에 있는 1864년 설립된 베가시실리아(Vega Sicilia)사의 간판 와인 「우니코(Unico)」와, 누만시아(Numanthia)사가 만드는 「테르만시아(Termanthia)」가 이에 해당한다.

「우니코」는 생산량이 적어 경매에서도 인기 있는 품목으로, 특히 1962년산은 숙성과 함께 매년 평가가 높아지고 있다. 2012년에는 파커의 수제자 닐 마틴(Neal Martin)에게 당당히 100점 만점을 받았고, 「틀림없는 세계 최고의 스페인 와인」으로 칭송받았다. 「테르만시아」도 2004년에 와인평가지 《와인 애드버킷》이 100점 만점을 주어 화제가 되었다.

스페인의 명품 와인들.
왼쪽부터 쿠네 임페리얼 리오하 그란 레세르바, 테르만시아, 우니코.

스페인의 독자적인 발포성와인 카바(Cava)도 스페인이 세계에 자랑하는 와인 중 하나다. 생산량의 약 95%가 카탈로니아주에서 생산되는 이 와인은 프랑스의 샹파뉴와 마찬가지로 병입 2차 발효를 한다.

2차 발효는 탱크 안에서 발효시키거나 탄산가스를 주입하는 것과는 달리 손이 많이 가는 작업이다. 하나하나 정성들여 만들기 때문에 섬세한 기포가 피어오른다.

현재 카바는 연간 약 2억 병이나 판매되는데, 소량 생산으로 고품질을 만들어내는 가족경영 생산자도 있어서 질과 양 모두 샴페인을 위협하는 존재가 되고 있다.

게다가 1990년대 중반부터는 새로운 스타일의 스페인 와인도 탄생했다. 이탈리아에서 「슈퍼 토스카나」나 「바롤로 보이스」가 탄생했듯이, 스페인에서도 「프리미엄 스패니시」, 「모던 스페인」이라 불리는 현대적인 라벨에 시크한 이미지를 겸비한 신생 와이너리가 평론가의 최고 득점과 함께 화려하게 등장한 것이다.

그들은 본토의 포도 품종을 고집하지 않고 소량 생산으로 품질 중시의 와인을 만들어, 오랫동안 강인한 와인의 대량 생산이 주류였던 스페인에 새로운 흐름을 일으켰다.

특히, 최근 주목을 끄는 것이 카탈루냐주 프리오라토(Priorato)에서 생산되는 와인이다. 프랑스와의 국경 근처에 위치한 프리오라토는 원래 와인산지로 번성했지만, 19세기에 포도 해충이 덮쳐 포도밭이 전멸한 땅이다.

이 재해로 인해 프리오라토는 인구가 대폭 줄었지만, 포도 재배에 적합한 이곳으로 많은 양조업자가 돌아와 다시 한 번 와인산지로 부활하고 있다. 프리오라토에서는 프랑스 품종과 토착 품종을 블렌딩하여 전통과 혁신의 새로운 스타일이 만들어지고 있다.

새로운 프리오라토 와인은 평론가로부터 높은 평가를 받아, 현재 파커 포인트 98~100점을 받은 상표가 38개나 탄생하였다.

언 포도에서 만들어진다!?
독일의 특산명품 「아이스바인」

일본의 버블경제가 한창이던 80년대, 그 당시 일본에서 와인이라고 하면 독일 와인이었다. 이 무렵 달고 값싼 독일 와인이 대량으로 일본에 수입되었기 때문이다. 그 후 일본은 프랑스 와인 일변도로 바뀌었고 독일 와인의 그림자는 희미해졌다.

독일 와인이 일본에 뿌리내리지 못한 이유는 그 달콤함뿐 아니라 독일 와인의 「어려움」에 있었을지도 모른다.

독일 와인은 단맛에 따라 등급을 매기고, 가장 단 종류의 와인에는 「트로켄베렌아우스레제(Trockenbeerenauslese)」라는 아주 긴 이름이 붙는다. 외우는 것만으로도 고생이다.

많은 와인 관계자가 독일 와인이 세계로 뻗어나가지 못한 요인 중 첫 번째로 꼽는 것이 이 읽기 어려운 라벨이다. 나도 독일 와인의 라벨에는 몇 차례나 애를 먹었다.

최근에는 수출의 1/4을 미국으로 하는 독일 와인이지만, 예전에는 뉴욕 와인숍에서 찾아볼 수 없었다. 이는 뉴욕에서 주류관련업에 종사하는 사람들 중 유대인이 많아, 역사적인 배경 때문에 독일 와인의 수입을 기부했던 시대가 있었기 때문이다.

이름이 어려워 일반인들에게는 정착하지 못하고, 역사적인 배경에서도 불리했던 독일 와인은 세계적으로 유명해질 수 없었던 것이다.

반면, 독일 와인은 파커 포인트 98점 이상을 받은 종류가 166종에 이를 정도(2018년 8월 현재)로 결코 그 품질이 뒤떨어지진 않는다.

독일은 세계에서 가장 북쪽에 있는 와인 생산지에 속하는데, 그 서늘한 기후와 토지의 성질을 살린 드라이한 화이트와인을 생산한다. 서늘한 기후에서 재배되기 때문에 열매의 당도가 높지 않고 알코올 도수가 낮은 것이 독일 와인의 특징이다.

주력 품종은 리슬링(Riesling)인데, 그 재배 면적은 전 세계의 약 60%를 자랑한다. 신대륙에서 리슬링 재배가 시작된 것도 독일 이민 자에 의한 것으로, 뉴욕주 북부에 있는 허드슨 밸리(Hudson Valley)에 서도 독일 이민자들에 의해 리슬링 재배가 시작되었다. 허드슨 밸리 는 현재 미국 최대의 리슬링 재배지다.

또한, 독일에서는 「아이스바인(Eiswein)」도 유명하다. 다른 나라에 서는 생산하기 어려운 귀중한 디저트와인의 일종이다.

이 아이스바인은 약 200년 전 우연히 탄생한 와인이다. 어느 해 갑 자기 한파가 몰아친 독일에서 다 익은 포도송이가 나무에 매달린 채 얼어버렸다. 하지만 흉작이 이어지던 당시의 와인 생산자에게는 언 포도도 소중했다. 그래서 얼어있는 포도를 수확하여 와인을 만들어 본 것이다.

그러자 놀랍게도 과일맛과 그윽한 향이 응축된 달콤하고 맛있는 와인이 완성되었다. 이를 계기로 독일에서는 아이스바인 문화가 뿌 리내렸고, 오늘날까지 자국의 명품으로 계속 생산되고 있다.

눈이 쌓여 있는 아이스바인용 포도. ©Dominic Rirard

참고로 말하면, 아이스바인을 만들려면 가혹한 노동이 요구되는데, 포도 수확을 한겨울 밤에 전부 손으로 따기 때문이다.

게다가 수확 후 얼어있는 포도를 바로 짜야 한다. 수분은 얼어있어도 과당은 얼지 않았기 때문에 과당만 재빨리 추출하여 와인을 만드는 것이다. 이 아이스바인 제조법으로는 보통 수확한 포도의 10%만이 와인으로 만들어지기 때문에 희소성도 높다.

이 가운데 수확한 포도를 얼려서 만드는 생산자도 있는데, 이것에는 「아이스바인」이라는 이름을 붙일 수 없다. 「Eiswein(아이스바인)」으로 불리기 위해서는 엄격한 법률이 존재하기에, 국가도 생산자도 진품 아이스바인을 소중히 지켜나가고 있다.

영국에서 사랑받은 포트와인과 마데이라

지금까지 소개한 프랑스, 이탈리아, 스페인, 독일 등 유럽 각국에서는 와인 양조가 성행하고 있다.

프랑스의 이웃나라 영국에서도 11세기 무렵부터 와인이 양조되었다. 하지만 와인업계에서는 그 이름이 거의 들리지 않는 게 현실이다. 와인 소비량은 세계 최고 수준임에도 왜 영국은 와인 양조에서 유럽의 다른 나라에 뒤처질까?

가장 큰 이유는 좋지 않은 환경을 들 수 있다. 영국에서는 예부터 왕조가 번성하여 대제국을 이루었지만, 왕이 먹는 자국의 궁정요리는 온갖 진상품으로 차려졌기에 자체적으로 탄생하지 못했다. 이는 영국이 농작물을 재배할만한 조건을 갖추지 못했기 때문이다. 메마른 토지, 그리고 일조량이 적은 영국에서 유일하게 자라는 농작물은 감자와 곡물뿐이었다. 이런 땅은 포도도 자라기 어려운 환경이었던 것이다.

또한 포도 재배의 북방 한계선은 프랑스의 샹파뉴나 독일로 알려져 있는데, 더 북쪽에 있는 영국에서는 아무래도 와인 양조에 필요한 환경을 갖출 수 없었다는 사정도 있다.

애초에 영국은 이웃나라에 보르도 와인이나 샴페인 등 최고의 와인이 존재하고, 영국의 왕후와 귀족들도 그쪽 세계의 일류 상품을 맛보고 대만족했기에, 구태여 메마른 토지에서 잘 자라지 못할 포도를 재배해서 와인을 만들 필요가 없었던 것이다.

　그래서 영국은 와인 생산국이 아닌 유럽 제일의 와인 소비국으로 역사 속에서 와인 발전에 기여해왔다. 유럽 각지의 와인산지 입장에서는 「영국 국민이 첫눈에 반하다＝성공」이었던 셈이다. 보르도를 비롯해 현재 세계에 평판이 자자한 와인산지 대부분은 영국에 인정을 받음으로써 명문 생산지로 이름을 떨쳤다.

　영국인에게 사랑받은 포트와인(Port Wine)도 그 중 하나다. 포르투갈의 「포르토(포트＝항구)」에서 이름이 유래된 3대 주정강화와인 중 하나인 포트와인은 해상 운송 중 와인이 변질되는 것을 막기 위해 영국 상인의 아이디어로 브랜디를 넣은 것이 그 시초였다고 전해진다.

　영국이 포르투갈에서 와인을 구한 이유는 역사상 일어난 수많은 대립이 원인이었다. 프랑스와 번번이 대립했던 영국은 그때마다 프랑스 와인의 조달이 어려웠고, 스페인과도 위험한 관계였기 때문에 확실한 배급을 위한 타협안으로 포르투갈을 선택했다. 포트와인을 각별히 사랑한 영국에서는 아이가 태어난 해에 포트와인을 사서 성인이 되거나 결혼할 때 병을 따는 것이 오랜 관습이다. 포트와인은 일반 와인보다 장기숙성형이어서 20년이 지나도 맛있게 마실 수 있다.

　같은 주정강화와인이고 포르투갈령 마데이라 섬에서 만들어지는 「마데이라(Madeira)」도 가장 큰 고객은 영국인이다. 나의 전 상사인 마이클 브로드벤트(와인경매의 역사를 다시 썼다고 평가되는 크리스티스의 전설적인 와인경매사)도 엄청난 마데이라 애호가였다.

　마이클은 「마데이라는 모닝커피보다 활력을 주고, 오후의 홍차보

포르투갈에서 생산되는 주정강화와인
마데이라의 한 종류.

다 맛있다」라는 명언을 남겼다. 실제로 런던에 있는 마이클의 사무실에는 늘 다양한 종류의 마데이라가 놓여 있었고, 마데이라를 마시면서 고객을 상담하는 마이클이 있었다.

와인 불모지 영국이 와인 양조로 주목받는 이유

이렇게 와인 소비국으로서 유럽의 와인 생산을 뒷받침해온 영국이 최근 온난화의 영향으로 품질 좋은 와인 양조가 가능해지고 있다. 영

국 남부에 펼쳐져 있는 켄트주, 서식스주, 햄프셔주가 새로운 와인산
지로 주목받고 있다. 일찍이 이 부근은 해협이 되기 전 빙하기에 샹
파뉴 지방과 이어져 있었다. 때문에 샹파뉴와 같은 백악질 토양이면
서 온난화의 영향으로 기후 환경까지도 1960년대 샹파뉴와 비슷해졌
다. 샴페인에 가까운 품질을 만들어낼 산지가 될 수 있다는 점에서
최근 큰 기대를 모으고 있다.

2015년에는 프랑스의 대형 샴페인 하우스가 높은 잠재력을 간직한
이 지역에서 발포성와인을 생산하기 시작했다. 이 소식은 2015년 와
인 뉴스 가운데 톱뉴스를 차지할 정도로 많은 미디어들이 다루었다.
온난화의 영향은 기쁜 일이 아니지만, 샹파뉴와 같은 백악질 토양이
발견된 것은 와인업계로서는 반가운 뉴스였다.

대형 샴페인 하우스가 영국에 진출한 배경에는 영국의 대형시장도
염두에 있었다. 샴페인 수입국 1위는 샴페인을 좋아하기로 유명한 영
국이기 때문이다.

그런데 최근 몇 년 사이에 스페인의 카바와 이탈리아의 프로세코
품질이 향상되어 영국으로의 수출이 증가하는 상황이 되었다. 그래
서 가격 경쟁에서 밀려버린 샴페인을 영국에서 생산하여 수입관세를
내지 않고 저렴하고 맛있는 스파클링와인을 제공하려고 한 것이다.

역사가 오래된 샴페인 하우스가 만드는 영국의 발포성와인은 빠르
게 주목을 끌었고, 현재 영국 남부지방은 와이너리 설립 러시가 시작
되었다.

기본적인 라벨 읽는 방법

라벨을 읽는 방법을 알면 와인이 좀 더 친근해진다. 특히 올드월드(프랑스, 이탈리아 등의 와인 전통국)는 라벨 표기에도 엄격한 규정이 있으므로, 한 번 그 규칙을 기억해 두면 쉽게 내용을 이해할 수 있다.

보르도 와인의 경우, 샤토나 도멘의 이름이 와인 이름으로 기재된다. 예를 들어, 샤토 라투르가 만든 와인이라면 그 이름이 으레 기재되어 있다.

그 외에도 빈티지(그 해에 수확한 포도를 85% 이상 사용해야 기재할 수 있다), 아펠라 시옹(AOC), 병입자, 알코올 도수, 원산국, 용량이 기재된다.

또한 「Grand Cru Classé」, 「Cru Classé」와 같은 생산지역에 부여된 등급이 기재 되는 경우도 있다.

한편, 부르고뉴 와인은 보르도와 달리 AOC명이 와인 이름으로 기재된다. 즉 제조자가 아니라 지역명이나 밭의 이름이 크게 쓰여 있다. 물론 도멘 이름도 가까이에 기재된다. 그 외의 표기 사항은 보르도와 다르지 않다.

이탈리아 와인은 DOCG·DOC·IGT·VdT의 분류, 빈티지, 병입 회사가 있는 마을의 명칭, 포도 산지(VdT 제외), 국가명(수출용의 경우), 알코올 도수, 용량 등의 표기가 의무화되어 있다.
와인 이름에는 바롤로, 키안티 등의 생산지명과 「GAJA(가야)」와 같은 제조자 이름, 「SASSICAIA(사시카이야)」 등의 상품명이 크게 들어가기도 한다.
또한, 일반 와인보다 숙성기간이 길다는 것을 나타내는 「Riserva(리제르바)」, 보다 상급 와인임을 나타내는 「Superiore(수페리오레)」 등 구체적인 표시도 추가된다.

뉴월드(와인 신흥국)의 와인에는 개성 강한 현대적인 디자인으로 장식되는데, 글자가 적고 심플한 라벨이 많다. 캘리포니아의 컬트와인 「스크리밍 이글(Screaming Eagle)」은 와인 이름과 독수리 그림뿐인 매우 심플하고 참신한 디자인이다.
또한, 산지에 따른 포도 품종을 제한하지 않는 뉴월드에서는 품종 이름을 표시하는 와인이 많은 것도 특징이다.

보르도

와인이름(샤토 또는 도멘 이름 기재)

원산국

PRODUCE OF FRANCE

MIS EN BOUTEILLE AU CHATEAU

GRAND VIN
DE
CHATEAU LATOUR

PREMIER GRAND CRU CLASSÉ — 등급

PAUILLAC
2003 — 750ml — 용량

13%Vol

DEPOSE   APPELLATION PAUILLAC CONTROLEE

STE-CIVILE DU VIGNOBLE DE CHATEAU LATOUR PROPRIETAIRE A PAUILLAC (GIRONDE)

알코올 도수

빈티지

병입자

아펠라시옹(AOC)

부르고뉴

와인이름(AOC명 기재)

병입자

아펠라시옹(AOC)

SOCIÉTÉ CIVILE DU DOMAINE DE LA ROMANÉE-CONTI
PROPRIETAIRE A VOSNE-ROMANEE (COTE-D'OR) FRANCE

VOSNE·ROMANÉE 1ᴱᴿ CRU

Cuvée Duvault·Blochet

APPELLATION VOSNE·ROMANÉE 1ᴱᴿ CRU CONTROLÉE

5.489 Bouteilles Récoltées

LES ASSOCIÉS·GERANTS

ANNÉE 2002
N° 0929

Mise en bouteille au domaine

13% vol   PRODUCT OF FRANCE   75 cl

알코올 도수   빈티지   원산국   용량

이탈리아

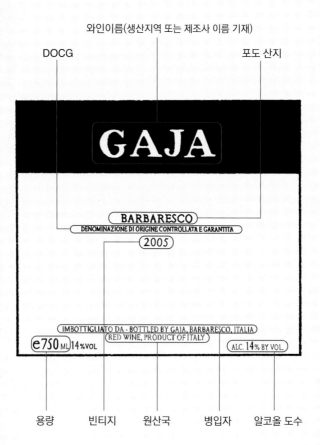

와인이름(생산지역 또는 제조사 이름 기재)

DOCG

포도 산지

GAJA

BARBARESCO
DENOMINAZIONE DI ORIGINE CONTROLLATA E GARANTITA

2005

IMBOTTIGLIATO DA - BOTTLED BY GAJA, BARBARESCO, ITALIA
RED WINE, PRODUCT OF ITALY

e750 ML 14% VOL   ALC. 14% BY VOL.

용량   빈티지   원산국   병입자   알코올 도수

NEW WORLD

※ 와인에 따라 표기가 많이 다르다.

와인이름

포도 품종   나라이름   빈티지

Part
3

알려지지 않은
신흥국 와인의 세계

미국이 탄생시킨
「비즈니스 와인」의 실력

규제투성이 Old World, 자유분방한 New World

와인에는 「올드월드」와 「뉴월드」라는 생산지 구분이 있다. 프랑스나 이탈리아 등 전통적인 와인 생산국이 올드월드, 미국, 칠레, 오스트레일리아 등 신흥 생산국을 뉴월드로 분류한다.

올드월드에서는 그 토지의 테루아를 살려 산지의 개성을 충분히 끌어낸 양조가 이루어진다. 따라서 프랑스의 AOC처럼 산지마다 와인 양조에 대한 규정이 있고, 포도 수확량, 포도 품종, 숙성기간 등 정해진 규정을 모두 통과해야만 그 산지의 이름을 밝힐 수 있다.

올드월드에서는 포도 재배에도 많은 규제가 있는데, 인공적인 작업은 와인의 개성을 잃는다고 여기기 때문이다. 즉, 테루아를 지키고 자연에 순응하는 와인 양조 스타일을 유지하는 것이 올드월드의 미학이라고 인식하는 것이다.

또한, 라벨 기재에도 엄격한 의무가 부여되어 있다. 올드월드에서는 레지오날 등급 외의 와인은 포도 품종의 기재가 금지되고 반드시 산지를 기재해야 한다. 산지에 따라 사용할 수 있는 품종이 정해져 있어서 굳이 품종을 기재할 필요가 없기 때문이다. 예를 들어, 샤블리는 법에 의해 샤르도네 품종 이외의 사용을 금지하고 있기 때문에, 라벨에 「샤블리」라고 표기되어 있으면 샤르도네로 만들었다는 것을 알 수 있다.

반면, 뉴월드에서는 올드월드처럼 토지나 포도의 개성을 중시하는 엄격한 법률이 없다. 와인의 역사와 전통이 없기 때문에 자유로운 발상으로 와인을 양조하여 시대에 맞는 맛과 스타일을 추구한다.

다양한 포도 품종을 재배하거나 올드월드에서는 허가되지 않는 블렌딩을 하는 등 각 와이너리의 판단에 의해 자유로운 스타일로 와인을 만든다.

최근 뉴월드 중에서도 세계적으로 인정받는 생산지가 미국이다. 와인 애호가가 아니라면 와인과 미국이라는 연결이 바로 와 닿지 않을지도 모른다. 하지만 최근에는 미국을 빼놓고는 와인을 말할 수 없을 정도로 미국 와인의 성장이 두드러진다.

미국에서는 그야말로 경제대국다운 새로운 와인 양조가 이루어지고 있다. 「비가 오지 않으면 내리게 한다」는 식으로 포도를 재배하는 것도 미국의 특징이다.

프랑스는 물론 대부분의 유럽 와인산지에서는 기본적으로 관개(수로 등으로 밭에 물을 대는 것)를 금지한다. 인공적으로 물을 주면 토지의 개성이 사라진다는 것이 이유다. 비가 오지 않으면 토지가 메마르고 포도가 자라지 않지만, 그럼에도 불구하고 그 토지의 개성을 중시한다는 것이다.

물론 최근에는 온난화의 영향도 있어서 유럽의 극히 일부 지역에 한해 조건부로 관개를 허용하고 있지만, 그렇다고 해서 전면적으로 허가된 것은 아니다.

반면, 뉴월드에서는 물을 주는 기간도 방법도 제한이 없다(다만 물을 늘리거나 줄이는 등의 양 조절에 따라 포도의 생육과 영양이 한쪽으로 치우칠 수 있기 때문에, 각 와인의 스타일과 비용을 고려한 다양한 관개 방법이 있다). 그래서 미국에서도 강물을 끌어오거나 호스로 물을 뿌려 포도를 재배한다.

나도 2014년에 기록적인 가뭄이 닥친 캘리포니아주를 방문했을 때 이 차이를 크게 실감했다. 오랜 친구이자 와이너리 「뷰어 패밀리 와인즈(Bure Family Wines)」의 오너인 발레리 뷰어와 재회했을 때의 이야기다. 발레리는 NHL(북미아이스하키리그)의 인기 선수였는데, 은퇴하고 캘리포니아주 나파에 와이너리를 세운 인물이다.

오랜만에 다시 만난 나는 인사도 하는 둥 마는 둥 하고 당시 화제이턴 가뭄 상황을 물었다. 그런 나에게 발레리는 웃으며 「여긴 미국이야. 돈으로 비를 내리게 할 수 있지」라며 시원하게 말했다.

발레리의 말대로 돈으로 비를 내리게 할 수 있는 미국의 와이너리는 손해와 이익을 따지지 않고 최고의 방법을 골라 베스트 타이밍에 가장 적절한 양의 물을 포도에 준다. 그야말로 경제대국다운 와인 양조라 할 수 있다.

훌륭한 고급와인 산지 캘리포니아 탄생의 이면

이런 전통에 얽매이지 않는 와인 양조로 미국은 이제 세계 4위의 와인 생산국이 되었다.

미국의 와인 양조는 아메리카대륙 발견 이후 유럽으로부터 미국 동부로 이주한 사람들에 의해 시작되었다. 영국의 식민지였던 보스턴과 워싱턴DC, 뉴욕 등 동부 해안의 주요 도시를 중심으로 와인 생산이 확산되었다. 현재는 주로 캘리포니아주, 오리건주, 워싱턴주, 뉴욕주 등에서 와인이 만들어지고 있다.

그 중에서도 세계적으로 가장 유명한 산지가 캘리포니아주다. 그 생산량은 미국 전체의 90% 가까이를 차지한다. 특히 캘리포니아의 나파와 소노마는 고급와인 생산지로 유명하다.

캘리포니아주가 와인의 일대 산지가 된 배경에는 당시 미국에서 들

끓었던 골드러시가 있었다. 19세기 중반 골드러시로 달아오른 캘리포니아에 금을 찾아 전 세계의 채굴업자가 모여든 것이 계기다.

일확천금을 꿈꾸며 모인 채굴꾼들은 생각만큼 금을 캐지 못하자 생활이 점차 궁핍해졌다. 그래서 와인 양조 지식이 있는 일부 유럽인이 캘리포니아의 시에라네바다의 넓은 땅에 포도나무를 심고, 금 채굴에서 와인 양조로 직업을 바꾼 것이다.

충분한 일조량을 확보할 수 있는 캘리포니아의 넓은 땅은 와인 양조에 안성맞춤이었다. 여름은 덥고 겨울은 추운 캘리포니아는 포도 재배에 더할 나위 없는 최고의 환경이었다. 이렇게 하여 미국에서는 「와인 = 캘리포니아」라는 흐름이 시작되었다.

골드러시 이후 미국에서의 와인 수요도 크게 늘어났다. 캘리포니아 주 샌프란시스코는 1848년 1,000명에 못 미치던 인구가 무려 1년 만에 2만5천 명으로 불어났고, 더욱이 유럽을 중심으로 다른 대륙에서 4만 명 가까운 이민자가 유입되면서 와인 수요가 폭발적으로 늘었다. 캘리포니아에 새롭게 뿌리내리기 시작한 와인이라는 산업은 순풍에 돛 단 듯 그 스타트를 끊었다.

그러나 1920년, 말도 안 되는 부조리한 법률인 「금주법」이 미국에서 시행되었다. 세상의 도덕과 질서를 유지한다는 명목으로 시작한, 국민의 음주를 금지하는 법이다. 시행 후 미국에서는 몰래 만들고 몰래 사고 파는 밀조와 밀수가 끊이지 않아 법의 목적과는 반대로 치안

● **미국의 주요 와인 생산지**

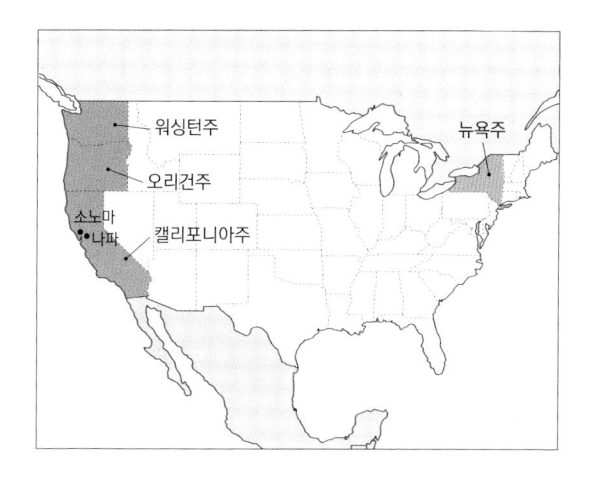

은 악화되었다. 비밀술집이 난립하고 금주법 시행 전보다 술집이 늘어나는 본말이 전도된 결과를 낳았다. 지금도 뉴욕에 가면 「스피크이지」라 불리는 당시의 비밀술집이 많이 남아있다.

금주법 시행으로 순조롭게 성장하던 캘리포니아 와인도 큰 타격을 입었다. 많은 와이너리가 폐업할 수밖에 없었고, 당시 미국 내에 존재하던 약 2,500개의 와이너리는 금주법이 폐지되는 1933년까지 불과 100여 개 정도로 줄어들었다.

금주법 시대에 살아남은 이들 와이너리는 그 대부분이 치외법권이던 교회에 와인을 제공하던 곳이었다. 당시 와인 제조와 와인 제공이

공식적으로 인정된 곳은 교회뿐이었다.

보리우 빈야드(Beaulieu Vineyard), 베린저 와이너리(Beringer Winery) , 루이스 M 마티니(Louis M. Martini) 등 당시 와인 양조를 인정받았던 와이너리는 지금도 캘리포니아 나파의 대표적인 와이너리로 존재한다.

또한, 와인 양조 허가를 받지 못한 와이너리에서는 포도주스나 포도잼을 만들어 혹독한 시대를 극복한 곳도 있었다고 한다.

1933년 정식으로 금주법이 폐지되자 그때까지 알코올을 억눌렀던 반동으로 와인 소비가 현격히 증가한다. 극적으로 증가한 와인 소비에 비례하여 와인 생산도 점점 늘어났다.

1945년 2차세계대전의 승리로 경제적으로 윤택해진 미국에서는, 중산층 가정의 식탁에도 와인이 확산되었다. 엄청난 와인 애호가였던 소설가이자 시인 헤밍웨이를 필두로 와인을 즐기는 것이 시대의 첨단을 누리는 문화인의 상징이라는 의식도 뿌리내렸고, 유럽 문화를 받아들이고 싶어 하던 미국의 인텔리층 사이에서도 와인을 선호하게 되었다.

게다가 1960년대에 들어서자 앞서 남프랑스 진출 이야기에서 등장한 로버트 몬다비(Robert Gerald Mondani)의 출현으로 캘리포니아의 와인 산업은 크게 비약한다.

로버트 몬다비는 와인 양조 기술에 혁신을 이루고 전략적인 마케팅을 구사하여 캘리포니아 와인을 세계적으로 알렸다. 「캘리포니아 와인의 아버지」로 불리는 그의 존재가 없었다면, 지금의 캘리포니아 와인의 높은 지위는 실현되지 못했을 것이다.

「프랑스 vs. 캘리포니아」 블라인드 테이스팅, 그 놀라운 결과는?

이렇게 서서히 그 지명도와 세력을 넓혀간 캘리포니아 와인이었지만, 프랑스를 비롯한 세계 정상급의 와인 전통국들은 역사도 문화도 없는 미국에서 만들어진 와인을 「자신들의 발끝에도 못 미친다」며 전혀 인정하지 않았다.

그런데 프랑스의 어느 와인 관계자가 나파에서 가져온 와인 한 병이 그 후의 캘리포니아 와인의 평가를 한순간에 뒤바꿔 버렸다.

파리에서 와인숍을 운영하는 스티븐 스퍼리어(Steven Supurrier, Academie du Vin 설립자)는 가져온 나파 와인을 마시고는 캘리포니아 와인이 상상 이상으로 눈부시게 진보하고 있다는 사실에 놀라움을 감추지 못했다.

그래서 캘리포니아산 와인의 홍보를 겸해 프랑스 와인과 캘리포니아 와인의 블라인드 테이스팅 개최를 생각해냈다. 이것이 지금까지도 구진되는 「파리의 심판」이라 불리는 테이스팅 대회로, 1976년 미국 독립 200주년을 기념하여 마련되었다.

● 1976년 「파리의 심판」 순위

레드와인

1위	스택스 립 와인 셀라(Stag's Leap Wine Cellars 1973/미)
2위	샤토 무통 로쉴드(Château Mouton-Rothschild 1970/프)
3위	샤토 몽로즈(Château Montrose 1970/프)
4위	샤토 오브리옹(Château Haut-Brion 1970/프)
5위	리지 빈야드 몬테 벨로(Ridge Vineyards Monte Bello 1971/미)
6위	샤토 레오빌 라스 카즈(Château Leoville Las Cases1971/프)
7위	하이츠 와인 셀라 마르타스 빈야드(Heitz Wine Cellars Martha's Vineyard 1970/미)
8위	클로 뒤 발 와이너리(Clos Du Val Winery 1972/미)
9위	마야카마스 빈야드(Mayacamas Vinyards 1971/미)
10위	프리마크 애비 와이너리(Freemark Abbey Winery 1969/미)

화이트와인

1위	샤토 몬텔레나(Château Montelena 1973/미)
2위	뫼르소 샴므 룰로(Meursault Charmes Roulot 1973/프)
3위	샬론 빈야드(Chalone Vineyard 1974/미)
4위	스프링 마운틴 빈야드(Spring Mountain Vineyard 1973/미)
5위	본 클로 데 무슈 조셉 드루앵(Beaune Clos Des Mouches Joseph Drouhin 1973/프)
6위	프리마크 애비 와이너리(Freemark Abbey Winery 1972/미)
7위	바타르몽라셰 라모네 프뤼동(Batard-Montrachet Ramonet-Prudhon 1973/프)
8위	퓔리니몽라셰 레 퓌셀르 도멘 르플레브(Puligny-Montrachet Les Pucelles Domaine Leflaive 1972/프)
9위	비더 크레스트 빈야드(Veeder Crest Vineyards 1972/미)
10위	데이비드 브루스 와이너리(David Bruce Winery 1973/미)

대회에는 프랑스를 대표하는 유명 고급와인이 많이 리스트업 되었는데, 레드와인에는 무통 로쉴드와 오브리옹 등 보르도의 거물급 샤토가 즐비했고, 화이트와인에도 몽라셰 등 쟁쟁한 베테랑 생산자가 만든 명품와인이 엔트리되었다.

그리고 최종적으로는 레드와 화이트와인 각각 프랑스와인 4종류와 캘리포니아와인 6종류 등 모두 10종류가 선정되어 20점 만점의 채점으로 심사가 진행되었다.

물론 아무도 프랑스의 강호 와인을 상대로 신생 캘리포니아 와인이 이기리라고는 상상조차 하지 못했다. 대회를 개최한 스퍼리어의 인맥으로 와인업계를 대표하는 저명인사가 심사위원으로 선정되었지만 그들도 모두 프랑스인. 모두가 프랑스 와인의 승리를 확신하며 캘리포니아 와인의 분발이 불만하겠다고 생각했다.

그런데 테이스팅 대회의 결과는 예상을 크게 뒤엎어버렸다.

캘리포니아 와인이 심지어 압승을 거두었다. 승부가 정해진 시음회로 여겨져 대부분의 미디어가 취재하러 오지 않았지만, 단 한 사람 마침 우연히 그 자리에 있었던 미국 타임지의 저널리스트가 이 놀라운 순간을 폭로하여 세계에 알렸다. 그리고 역사와 전통의 프랑스 와인이야말로 세계 제일이라 믿어 의심치 않았던 전 세계 와인 관계자에게 충격을 안겼다. 지금도 나파의 샤토 몬텔레나를 방문하면 당시 승리를 쟁취한 1976년산 화이트와인이 타임지 표지와 함께 장식되어 있다.

그런데 이 결과를 도저히 받아들일 수 없었던 프랑스는 「프랑스산 와인은 미국산과 달리 숙성이 필요하다. 30년 뒤에야 맛있는 와인이 완성된다」고 단언했다. 그러나 1976년 「파리의 심판」으로부터 30년 뒤인 2006년에 열린 리턴 매치에서도 결국 캘리포니아 와인이 승리를 하였다.

이 리턴 매치의 심사위원에는 나의 전 상사인 마이클 브로드벤트 (Micheal Broadbent)가 선정되어 있었다. 마이클은 테이스팅에 관한 책을 여러 권 출간했고, 스페셜리스트가 모이는 크리스티스의 와인 부문에서 누구보다도 테이스팅 능력이 탁월한 인물이다. 마이클에게 당시의 일을 묻자 「블라인드 테이스팅은 별로 안 좋아해」라며 쓴웃음을 지었다.

파리의 심판에서 압승한 캘리포니아 나파는 프랑스를 이긴 장래가 유망한 산지로 점점 주목을 받았다.

1979년에는 보르도의 5대 샤토 중 하나인 무통 로쉴드가 캘리포니아의 로버트 몬다비사와 합작하여 벤처 「오퍼스 원(Opus One)」을 세운다. 세련된 와이너리, 오너 두 사람의 얼굴을 디자인한 라벨 등 전통과 혁신의 융합을 느끼게 하는 참신한 스타일은 큰 화제를 모았다.

1980년대에도 보르도에서 최고급 와인을 생산하는 샤토 페트뤼스 (Château Petrus)의 오너 무엑스가 나파에서 새로운 와이너리 「도미너

오퍼스 원의 라벨. 오너 두 사람의 얼굴로 디자인한 마크.

스(Dominus)」를 설립했다.

나파의 욘트빌에 있는 도미너스를 방문하면 이채로운 커다란 건물에 압도된다. 가로 약 100m, 세로 25m, 높이 9m에 이르는 거대한 와이너리가 포도밭 한가운데에 세워져 있다.

이 뛰어나게 참신한 와이너리를 디자인한 사람은 프라다 도쿄 아오야마점, 런던 테이트 모던미술관, 베이징올림픽 메인스타디움 등을 설계한 유명 건축가 헤르조그 앤 드 뫼롱(Herzog & de Meuron)이다. 페트뤼스의 오너인 무엑스가 지닌 감성과 미적 센스는 도미너스가 자아내는 우아함의 원천인 것이다.

이렇게 프랑스의 거물 샤토가 연이어 나파에 진출함으로써 나파의 장래는 보장되었고, 이제는 프랑스와 이탈리아를 위협하는 고급와인 산지로 그 이름을 세계에 떨치게 되었다.

비즈니스 와인의 부산물 「컬트와인」

2014년 크리스마스 이브, 미국 캘리포니아주 나파 밸리에 있는 미슐랭 3스타 레스토랑 「프렌치 런드리」에서 고급와인 76병이 도난당한 사건이 발생했다. 피해 총액이 30만 달러(약 3억5천만 원)에 이르는 대형 사건이었다.

도난 직후 미국에 있는 동료가 「구입 오퍼가 있으면 받지 말라」며 도난당한 와인 리스트를 보내왔다. 그 와인 리스트를 보니 대부분 보

마네 콩티(Romanée-Conti), 그리고 스크리밍 이글(Screaming Eagle)이
었다.

로마네 콩티는 세계에서 제일 비싼 프랑스 와인으로 유명하지만,
범인이 노린 또 하나의 와인 「스크리밍 이글」은 와인에 정통한 사람
이 아니면 잘 알지 못하는 존재일 것이다.

스크리밍 이글은 캘리포니아주에서 만들어지는 「컬트와인(Cult
Wine)」으로 불리는 와인의 일종이다.

컬트와인이란 나파를 중심으로 생산되는 초고가 고품질 와인으로,
인기로도 가격으로도 수많은 프랑스의 유명 샤토를 물리친 「초」고급
와인이다. 숭배, 열광, 의례라는 의미의 「컬트」라는 말이 최근 종교적
인 의미가 강해졌지만, 컬트와인도 그야말로 열광적인 신자(와인 애
호가)의 숭배를 받는 카리스마적 존재의 와인이다.

컬트와인이 탄생한 시기는 1980년대 중반 무렵이다. 80년대에 들어
서면서 변호사, 의사, 금융관계자 등 부유층은 은퇴한 후 취미로 나
파에서 와인 양조를 시작하게 되었다.

하지만 그때까지 비즈니스 최전방에서 활약했던 이들의 와인 양조
는 취미에 머무르지 않고 자본을 대량으로 투입한 비즈니스로 발전
해갔다.

그래서 탄생한 것이 고품질 와인을 소규모로 한정 수량 생산하는
컬트와인 스타일이다. 컬트와인의 특징 중 하나로 그 희소성을 들 수

컬트와인의 한 종류인 스크리밍 이글. 와인 이름과 독수
리 그림뿐인 심플한 라벨이 특징이다.

있는데, 일부러 생산량을 억제하여 컬렉터스 아이템(애호가들이 수집
할 만한 가치가 있는 품목)으로 팬을 늘려나간 것이다.

예를 들어, 스크리밍 이글의 생산량은 연간 단 500케이스(12병/1케
이스) 6,000병밖에 안 된다. 그래서 스크리밍 이글의 세계 평균 소매
가격은 1병에 2,785달러(약 330만 원)에 이른다. 2006년산 임페리얼
보틀(6,000㎖)은 2013년 시카고에서 열린 하트 데이비스 하트사의 경
매에서 35,850달러(약 4300만 원)에 낙찰되었다.

500케이스 6,000병이라고 해도 그 희소성을 상상하기가 어려울 텐

데, 이는 로마네 콩티의 생산량과 거의 비슷하다(물론 수확한 해에 따라 다소 차이는 있다). 세계적으로 유명한 보르도의 1등급 샤토에서도 10만~20만 병을 생산하므로, 그 1/20~1/30 정도이면 그 희소성을 짐작할 수 있을 것이다.

그 밖의 유명 컬트와인도 마찬가지인데, 할란 이스테이트(Harlan Estate)가 1,500케이스, 브라이언트 패밀리(Bryant Family)가 500케이스, 콜긴(Colgin)이 350케이스로 초소량 생산이다.

이 정도로 소량 생산을 하면 당연히 와인숍의 알로케이션(할당 병수)도 제한된다. 그래서 컬트와인은 일반 와인숍 매장에서는 거의 구입할 수가 없다.

컬트와인을 생산하는 와이너리는 일반인을 대상으로 한 판매에 메일링 리스트를 활용한 서브스크립션(subscription, 예약구매) 제도를 만들어서 소비자가 직접 와이너리를 통해 구입하는 제도로 운영한다. 메일링 리스트에 등록할 수 있는 극히 일부 소비자만이 컬트와인을 구입할 수 있는 시스템인 것이다.

물론 이 메일링 리스트의 인기는 엄청나다. 메일링 리스트에 이름이 오르는 자체가 부유층 신분임을 나타내기에, 메일링 리스트의 권리가 인터넷 옥션에서 매매된 적도 있었다.

덧붙이자면, 기쁘게 멤버가 되더라도 매년 와인을 계속해서 사지 않으면 권리를 잃는다는 엄격한 조건이 붙는다. 그 해의 완성도(평가)가 좋든 나쁘든, 가격이 싸든 비싸든, 권리를 잃지 않으려면 와인을 계속 사야만 한다.

이렇게 컬트와인은 와인이라는 음료를 넘어 인기 아이템 같은 존재
가 되었다.

소비자들은 새롭게 출시된 상품(와인)을 누구보다 빨리 구입하여
그 상품에 대한 지식을 습득하려 했다. 인기 와인 메이커에는 투자가
몰려 스타적인 존재가 되었을 정도다. 미슐랭 스타 레스토랑이나 멤
버제 클럽에서는 젊은 금융맨들이 소믈리에의 추천대로 컬트와인을
대량 소비하게 되었다.

그리고 애플이 스타일리시한 제품을 고집한 것처럼 당시의 컬트
와인 또한 스타일리시한 존재임을 어필해갔다.

컬트와인의 브랜드를 끌어올린 와이너리 중 하나가 1984년에 설립
하여 1990년에 첫 빈티지를 낸 「궁극의 컬트」라는 별명을 지닌 할란
이스테이트다. 부동산 사업으로 성공한 빌 할란(Bill Harlan)이 프랑스
의 1등급 샤토에 버금가는 와인을 만들겠다는 생각으로 나파에 세운
와이너리다.

할란은 현역 시절에 쌓은 인맥과 정교한 마케팅 전략을 구사하여
컬트와인의 이미지를 확립했다. 명품을 몸에 걸치듯 컬트와인을 마
시는 것이 곧 일류 라이프스타일의 상징이자 패셔너블하다는 이미지
를 구축한 것이다. 할란의 그 고집은 예사롭지 않아서 오랜 세월을
들여 라벨 디자인에도 집착할 정도였다.

할란 이스테이트의 라벨.

나도 그 라벨에 매료된 한 사람이다. 오랫동안 할란 이스테이트를 맛볼 기회가 좀처럼 주어지지 않았으나, 2002년에야 드디어 그 꿈이 이루어졌다. 와인 옥션의 사전 테이스팅 자리에 1994년 할란 이스테이트가 나온 것이다.

염원하던 할란 이스테이트였는데, 한 모금 맛보자마자 그 상상을 초월한 맛에 압도되었다. 우아하고 온화하며, 혀끝에 닿는 느낌과 풍미가 더할 나위 없이 부드러웠다. 미국의 웅대한 자연이 만들어낸 미지의 힘을 느꼈다.

참고로 할란 이스테이트는 영국의 유명 와인평론가 잰시스 로빈슨 (Jancis Robinson)으로부터 「20세기에 열손가락에 드는 위대한 와인」이 라는 극찬을 받았고, 65달러에 출시된 첫 빈티지는 현재 1천 달러까 지 치솟았다.

이렇게 인기가 높아진 컬트와인인데, 1990년대에는 파커 포인트 100점 만점을 받은 와인까지 등장해 단숨에 세계적으로도 주목을 받았다.

1990년대의 나파는 날씨가 좋았던 해가 이어졌고, 특히 1994년, 1997년산은 어느 와인이든 평론가로부터 엄청난 찬사를 받았다. 1997 년에는 5개의 컬트와인이 파커 포인트 100점 만점을 획득하여, 컬트 와인은 명실상부한 세계적인 고급와인 대열에 올라섰다.

옥션에서도 하이라이트 아이템으로 보르도나 부르고뉴와 함께 주 목받는 와인이 되고 있다.

투자가 모이는 뉴욕 와인에 주목

캘리포니아 이외의 미국의 와인 생산지도 최근 주목받고 있다.

버지니아주도 그 중 하나다. 프랑스의 올랑드 전 대통령을 초청한 백악관 공식만찬에서 버지니아산 스파클링와인이 서빙되었고, 이로 인해 버지니아주의 지명도는 단숨에 높아졌다(인지도가 낮은 버지니 아산을 선택하여 프랑스 국민한테는 야유를 받았지만). 버지니아주는 트럼프 대통령이 소유한「트럼프 와이너리」가 있는 산지로도 주목받고 있다.

오리건주에는 부르고뉴의 제조자가 진출하기 시작했다. 기후와 토양(테루아)이 프랑스 부르고뉴와 비슷한 이 지역은 부르고뉴와 마찬가지로 피노 누아 품종을 사용한 와인이 주류다. 그래서 최근에는 부르고뉴의 제조자들이 오리건에 모여 있다. 부르고뉴 제조자들은 본토와는 조금 다른 터치로 포도의 개성을 살려, 전체적으로 과일맛이 풍부한 미국인들이 좋아하는 와인을 생산하고 있다.

또한 와인 비즈니스를 목표로 하는 젊은 양조가들이 지나치게 땅값이 급등한 나파를 포기하고 오리건에서 새로운 와인 비즈니스를 시작하는 경우도 적지 않다고 한다.

워싱턴주도 파커 포인트 100점을 받은「퀼세다 크릭(Quilceda Creek)」의 출현으로 유명해졌다. 2011년 당시의 중국 국가주석 후진타오가 미국을 방문했을 때, 백악관은 2005년산 퀼세다 크릭을 서빙하여 극진히 대접했다. 이를 계기로 워싱턴주도 와인산지로 널리 인식되었다.

오리건주나 워싱턴주와 마찬가지로 생산량을 늘리고 있는 것이 뉴욕주의 와인이다. 뉴욕산 와인은 주의 북부에 있는 허드슨 밸리, 그리고 롱아일랜드 햄튼 등 두 곳에 산지가 있다.

이 중 햄튼은 셀럽들이 즐겨 찾는 고급 리조트 지역으로, 부유한 뉴요커들이 모두 여기에서 여름을 지낸다.

월스트리트에서 햄튼 쪽으로 많은 헬리콥터가 어지러이 날아다니는 광경이나 허드슨강에 정박한 요트와 보트들이 햄튼으로 향하는 모습은 맨해튼의 우아한 여름 풍경이다. 내가 근무하던 크리스티스의 직원들도 여름철 금요일이면 대부분 오후에 빨리 퇴근하여 햄튼으로 향했다.

각 도시의 부유층이 모여드는 햄튼에서는 낮에는 승마나 폴로 이벤트가, 밤에는 홈 파티나 자선 이벤트가 열리고 거기에서 고급와인과 함께 현지의 햄튼 와인이 제공된다.

다만, 햄튼 와인의 품질은 서쪽의 나파에는 결코 맞설 수 없는 수준이다. 서쪽을 도저히 따라잡을 수 없는 이유는 테루아의 차이 말고도 더 있다. 햄튼에는 해충이 많아서 오가닉 양조나 바이오다이나믹 농법이 어렵다는 치명적인 결점이 있다.

하지만 최근에는 고집 있는 자연주의 생산자들이 햄튼에서 오가닉 양조에 도전하기 시작했으며 동조자도 늘어나고 있다.

또한 미슐랭 레스토랑의 유명 셰프가 햄튼의 와이너리에 투자하고 직접 양조에도 나서면서, 맨해튼의 레스토랑에서도 뉴욕 와인을 취급하는 곳이 늘고 있다.

게다가 뭐든 1등을 해야 직성이 풀리는 뉴요커들은 와인 분야에서도 서쪽에 주도권을 빼앗긴 사실을 참지 못해, 월스트리트나 디벨로퍼(developer)들이 투자자를 모아 햄튼을 나파처럼 고급와인 산지로 만들려고 시도하고 있다.

맨해튼과 햄튼의 부유층이라는 거대한 수요를 갖고 있는 햄튼 와인은 성장성이 높고 장래가 안정적인 우량주로 전망되어 실제 투자도 모아지고 있다. 많은 투자를 모음으로써 조금씩이지만 품질도 향상되고 고급와인화도 진행되고 있다.

이렇듯 뉴욕 와인이 세계를 석권하는 날도 그리 멀지는 않으리라 생각한다.

와인 평가를 결정하는「파커 포인트」

와인은 빈티지에 따라 그 완성도가 크게 달라진다. 산지나 브랜드마다 매해 완성도가 다르므로, 일반 소비자가 각 와인 빈티지의 좋고 나쁨을 판단하기는 어렵다.

그래서 와인에는 지역별 빈티지 평가를 한눈에 볼 수 있는「빈티지 차트」가 있다. 빈티지 차트를 보면 어느 해에 어느 지역에서 좋은 포도가 수확되었는지 알 수 있다. 또한 와인마다 코멘트와 점수가 적힌 테이스팅 노트도 있다. 와인잡지가 작성했거나 유명 와인평론가가 발표한 것 등 다양한데, 그 평가 내용과 방법은 사람마다 다르다.

이런 수많은 와인 평가 중 세계적으로 가장 영향력 있는 것이「파커 포인트」이다. 미국의 와인평론가 로버트 파커가 발표하는 점수다.

파커는 원래 은행 소속 변호사였다. 엄청난 와인 애호가였던 파커는 와인에 대한 감상과 매긴 점수를 친구에게 나누어줄 정도였다.

그 후 파커는 와인 소매업자를 위한 뉴스레터로 본격적인 와인 평가를 시작한다. 브랜드나 가격에 얽매이지 않고 소비자 입장에서 공평하게 와인을 판단한 그의 평가는 미국에서 큰 지지를 얻게 되었다.

현재는 세계적인 영향력으로 소비자의 선택 기준이 된 파커 포인트는 와인의 가격 설정에도 영향을 미칠 정도다. 보르도에서도 각 샤토가 출시 가격을 내는 시기를 대개 파커 포인트 발표 후로 한다(파커 포인트 점수가 가격을 결정하는 판단 기준이 되어 버려서 파커가 일부러 발표를 늦춘 적도 있다).

파커의 평가는 기초점수 50점, 맛 20점, 향 15점, 전체적인 품질 10점, 외관 5점으로 총 100점 만점이다. 점수에 따른 평가는 아래 표와 같다. 어디까지나 파커의 개인적인 견해이기에 이것이 전부는 아니지만, 적어도 80점 이상은 필요하며, 고품질 와인으로 인정받는 것은 96점 이상이다.

참고로 파커 포인트 100점을 획득한 와인은 2018년 7월 현재 632개다. 보르도의 레전드로 불리는 1900년 마고, 1921년 디켐, 1929년 페트뤼스, 1945년 무통과 오브리옹, 1947년 슈발 블랑, 1961년 라투르, 그리고 부르고뉴의 로마네 콩티 1985년 등 파커 포인트 100점을 받은 와인에는 쟁쟁한 면면이 줄을 잇는다.

산지별로는 캘리포니아가 압도적으로 많고, 프랑스의 론과 보르도가 뒤를 잇는다.

50~59점	형편없다
60~69점	평균 이하. 산도나 타닌이 너무 강하다. 향이 없다.
70~79점	대체로 평균적인 와인. 평범하고 무난하다.
80~89점	평균을 웃돈다. 결점이 없다.
90~95점	복잡미묘함을 지닌 환상적인 와인.
96~100점	최고급 와인. 소장 가치가 있는 와인.

진보하는
와인의 비즈니스화

IT · 금융 버블에서 시작된 미국 와인시장의 급성장

1990년대 미국 실리콘밸리에 거대 IT기업이 연이어 설립되면서 와인 산지인 나파와 소노마도 크게 성장하였다.

와인업계에도 IT화가 진행되어 사람이나 기후에 좌우되던 와인의 품질도 컴퓨터 제어로 품질이 안정되면서 대량 생산도 가능해졌다.

미국의 대도시에서는 와인숍뿐만 아니라 슈퍼마켓에도 많은 와인이 진열되어 있어 와인을 즐기는 층이 더욱 확대되었다. 예전에는 와인 관계자만 방문하던 나파나 소노마도 캘리포니아의 손꼽을 만한 관광지가 되어 고급 레스토랑, 스파, 특산품 가게 등이 문을 열었다. 지금까지도 매년 많은 관광객이 찾는 대표적인 관광지다.

그리고 IT버블, 금융버블로 달아오른 미국에서 드디어 본격적으로 와인 문화가 꽃을 피웠다.

경기가 좋아지면서 미국에는 고급와인 붐이 일어나 TV와 잡지, 신문 등에 와인 관련 기사가 많이 실렸다. 점점 고급와인의 저변이 넓어지고 와인 경매에서 잇따라 세계 최고 낙찰가가 나온 것도 이 무렵이다.

게다가 2000년의 막이 열리면서 밀레니엄에 열광하는 미국 소비자들로부터 샴페인 주문이 급격히 증가하는 등 미국의 와인 열기는 이상하리만큼 고조되었다.

그런데 바로 다음해, 2001년 9월 11일 미국에서 911테러가 발생한다. 테러 이후에는 관광객은 물론 주민까지 뉴욕을 떠나, 도시의 기세가 단숨에 꺾이고 말았다.

하지만 당시의 뉴욕시장인 줄리아니가 자숙 분위기를 거두어들였다. 경기 회복에 전념한 덕분에 같은 해 11월에 열린 와인 경매에서는 그 어느 때보다 많은 입찰이 모였고, 얼마 안 가 와인 비즈니스도 테러 이전 상황보다 그 이상으로 회복되었다.

그 후에는 경기와 연동하여 미국의 고급와인 시장은 순조롭게 성장해나갔다.

「요리의 철인(일본 TV프로그램)」의 미국판 「아이언 셰프(Iron Chef)」가 높은 시청률을 보이면서 고급와인의 저변은 더욱 넓어졌다.

뉴욕에서는 셀럽 셰프에게 많은 투자가 이루어져 유명 레스토랑이나 고급 클럽이 연이어 오픈하였고, 거기에 맞추어 몇 백만 원, 몇 천만 원 하는 와인이 라인업 되어 그 수요가 높아졌다.

와인 경매에서도 레스토랑 관계자가 자주 눈에 띄었고, 레스토랑에서 고급와인을 주문하면 경매회사의 스티커가 붙은 와인이 나온 것도 이 무렵부터다(낙찰된 와인병에는 경매회사의 스티커가 붙어 있다).

이렇게 고급와인의 수요가 많아진 뉴욕에서는 경매에서도 고가에 와인이 거래되면서, 유럽에서도 다수의 희귀 와인이 모여들었다. 런던과 막상막하였던 경매 매출은 순식간에 뉴욕이 웃돌면서 세계 최고 낙찰가를 계속 갱신해 나갔다. 대형 경매회사는 왕성하게 경매를 열었고, 여름과 겨울을 제외하고 거의 매주 어디에선가 경매가 개최될 정도의 기세였다.

이 열기는 뉴욕에만 그치지 않고, IT의 샌프란시스코, 엔터테인먼트의 LA, 부시 정권과 석유의 텍사스, 관광지 마이애미, 선물거래의 시카고, 정치의 중추 워싱턴DC, 올드 리치의 보스턴과 뉴포트 등 고급와인을 찾는 각 도시로 확산되어, 미국의 국내 와인시장은 점점 거대해졌다.

리먼 쇼크와 홍콩 · 중국 시장의 대두

그런데 2008년 미국에서 와인 거래액이 절정에 달했을 무렵, 세계 경제에 큰 충격을 준 리먼 쇼크가 일어난다.

당연히 와인 비즈니스도 큰 타격을 받았다. 와인 경매에는 사전 입찰이 전혀 모이지 않았고, 나도 출품자에게 최저 낙찰가를 내려달라고 부탁할 뿐이었다. 그전까지 95% 이상의 낙찰률을 자랑하던 경매회사도 이때는 50%를 밑돌 정도로 시장이 축소되었다.

반면 지금까지 경매에서는 별로 보이지 않았던 러시아, 남미, 마카오 등 리먼 쇼크의 영향을 덜 받은 나라로부터 입찰이 모였다. 2001년에 일어난 911테러 때도 같은 현상이 일어났다. 지금까지 그다지 와인을 사지 않던 나라의 사람들이 주식과 마찬가지로 지금이 살 때라고 생각하고 대량으로 고급와인을 구입했다. 911테러와 리먼 쇼크 직후에 와인을 구입한 사람들은 그 후 큰 수익을 얻었을 것이다.

리먼 쇼크로 침체된 와인업계를 위기에서 구한 것은 거대 시장을 마련하고 나타난 중국이었다.

리먼 쇼크와 때를 같이 하여 홍콩은 2008년 와인에 부과하는 관세를 40%에서 0%로 내렸다. 그 결과 대형 경매회사가 모두 와인 경매의 거점을 홍콩으로 넓혔고, 경기가 상승하는 중국에 대대적인 프로모션을 실시하였다.

홍콩이 아시아에서 와인 유통의 허브가 되자, 중국은 물론 그때까지 와인 불모국이었던 타이완, 싱가포르, 말레이시아에도 와인이 확산되었다.

중국에서의 와인 열기에 박차를 가한 것이 샤토 라피트 로쉴드가

2008년에 발표한, 중국의 행운의 숫자 「八(팔)」을 와인병에 한자로 넣은 와인이었다. 판매 개시 전부터 가격이 20%나 급등했고 출시 후에는 몇 배나 더 뛰었다. 이 와인은 곧 품귀현상이 일어나 위조 와인이 범람하는 사태로까지 발전했을 정도였다.

중국시장이 달아오르자 경매에서 거래되는 고급와인의 가격도 급등했는데, 가격 폭등의 배경에는 중국인의 「어떤 행동」이 있었다. 기존 수집가들은 구입한 와인을 10년은 묵히는데, 중국인들은 낙찰 후바로 와인을 다 마셔버린다. 그 결과 세상에 남아 있는 고급와인이 줄어들었고 희소가치가 높아지면서 가격이 오른 것이다.

2014년에는 중국인에 의한 역사적인 낙찰도 탄생했다. 홍콩에서 개최된 소더비 경매에 「로마네 콩티 슈퍼 로트」라고 불리는, 말 그대로 「슈퍼」한 로트가 출품되었다.

이 로트는 초창기 웹브라우저 회사인 「넷스케이프」의 창업자 제임스 클라크가 소유하던 것으로, 빈티지가 다른 로마네 콩티 114병이 하나의 로트로 출품된 것이다.

낙찰액은 홍콩달러로 12.56밀리언 달러. 엔화로 무려 약 1억8천만엔(약 19억 원)이다. 글라스 1잔에 약 20만 엔(약 2백만 원)이라는 세계 최고의 낙찰가가 탄생한 순간이었다. 나도 이 경매에 참가하고 있었는데, 이 세기의 낙찰액을 두드리게 한 사람도 전화로 참가한 중국인이었다. 지금도 여전히 와인 가격이 치솟는 배경에는 중국인 마켓의 존재가 큰 요인이 되고 있다.

다만 중국의 고급와인 시장은 이전보다 침체된 것이 사실인데, 이는 2012년에 새로 취임한 시진핑 국가주석이 추진한 뇌물·부패 척결운동과 사치 추방운동이 그 원인 중 하나로 여겨진다. 중국에서는 가치 있는 고가 와인을 선물용으로 구입하기도 하는데, 이 운동으로 선물용 와인 구입이 크게 감소했다고 한다.

게다가 위조 와인이 너무 많아지기도 해서 그 이후 중국의 와인 거래는 하강선을 그리고 있다. 가는 곳마다 적수가 없던 중국의 기세도 2013년, 2014년 경매에서는 경쟁 분위기가 한풀 꺾였고, 거래량도 2011년의 피크 때보다 40%나 줄었다.

하지만 리먼 쇼크 직후보다는 그 거래량과 가격이 웃돌고 있고, 전성기를 지났다고는 해도 중국과 홍콩 시장은 여전히 상승세를 보이고 있는 것은 확실하다.

「투자」로서의 와인 현상이란?

최근 와인은 「투자」로서의 측면도 강해졌다. 2004년 영국은 SIPP(자기투자형개인연금)의 투자 범위를 확대했고, 와인도 세제우대조치 대상에 포함되었다.

그 결과 서양에서는 와인이 투자 대상으로 널리 인식되었고, 영국을 비롯한 유럽과 미국에 잇따라 와인 펀드가 생겼다. 금융과 증권회사도 투자 상품으로 와인을 다루기 시작했으며 그 규모는 점점 확대되었다.

또한, 리먼 쇼크 이후에 미국 경제지에 「SWAG(스웨그)」라는 단어가 등장했다. 원래는 미국 젊은이들이 사용하는 「센스가 좋다」, 「스타일리시하다」는 의미의 속어인데, 경제지에서의 「SWAG」은 「Sliver」, 「Wine」, 「Art」, 「Gold」의 머리글자를 나열한 것이다.

이 단어는 경제전문가 조 로즈만이 인베스트먼트위크지에 주식투자보다 확실한 투자상품으로 「SWAG」를 발표한 것이 시초였는데, 그 후에 블룸버그도 고급와인은 금보다 수익이 확실하다고 예상했다.

이런 전망이 나오자 리먼 쇼크로 손실을 입은 투자가들이 모두 와인을 수집하기 시작했다. 서양 투자가들뿐 아니라 중국의 신흥 부호도 와인 수집에 가담하여, 와인 가격은 역사상 보기 드문 상승세를 보였다.

이렇게 전 세계적으로 많은 투자가가 와인에 투자했는데, 그들이 와인이라는 상품에 매력을 느낀 이유는 와인이 지닌 그 특이성에 있다고 볼 수 있다.

와인은 부가가치와 희소가치에 따라 가격이 변동하는 유일한 상품이다. 예를 들어 빈티지에 따라서도 부가가치가 달라진다. 같은 이름의 상품이라도 생산연도에 따라 가치가 완전히 달라지는 경우는 와인 이외에는 좀처럼 찾아보기 어렵다.

또한 매년 그 생산량도 줄고 있어서 희소성도 해마다 높아진다. 그런 이유에서도 가격이 급등한다.

게다가 와인은 오래 보관하면 할수록 기본적으로는 가격이 오른다 (와인타입이나 보관방법에 따라 다르지만). 일반적으로 부동산 물건 등은 하루하루 가치가 떨어지는 법인데, 와인은 식품이면서 유통기한도 없고 부패하지도 않으며 오히려 오래되면 될수록 가치가 높아진다.

물론 와인에도 마시기 가장 적합한 시기가 있기 때문에, 그 시기를 지난 와인은 서서히 인기가 떨어진다. 하지만 그런 와인을「앤티크」 감각으로 모으는 수집가도 많아 거기에 또 부가가치가 생긴다.

매매가 쉬운 점도 매력이다. 기본적으로 와인은 상품과 빈티지를 전달하는 것만으로 매매가 성립된다. 전 세계에 와인 애호가가 존재하고 마켓이 넓은 점도 매력 중 하나다. 해외 남성지나 경제지가 고급 와인을 자주 특집으로 다루는 데서도 그 높은 관심을 엿볼 수 있다.

또한, 와인에 대한 투자는 상품(와인) 투자에만 그치지 않는다. 와이너리의 M&A와 설비 투자, 포도밭 확장, 와인 도구 개발 등 다양한 방법이 있다.

2013년부터는 중국인이 보르도의 고급 샤토를 계속 사들였다. 많은 샤토가 중국인 소유가 되면서 현지에서는 샤토 매수를 저지하는 반대파 세력이 늘었는데, 그 타이밍에 샤토 매수를 위해 사전답사를 하러 온 중국인 일행이 탄 헬리콥터가 가론강에 추락하는 이해할 수 없는 사고가 일어닌다. 물론 이 사고는 조종사의 실수였지만, 그 이후에는 매수를 주저하는 중국인이 늘어나면서 매수 붐은 진정되었다.

캘리포니아에서도 대기업에 의한 와이너리 M&A가 반복되고 있다. 파커 포인트 100점을 13번이나 획득한 캘리포니아 나파 컬트 중에 컬트와인으로 불리는 슈레더 셀라(Schrader Cellars)는 유명 음료업체인 컨스텔레이션 브랜드(Constellation Brands)에 의해 6천만 달러(약 7백억 원)에 매수되었다.

슈레더의 생산량은 연간 2,500~4,000케이스로 매우 소량이라 판매만으로 매수액을 넘어서기는 거의 불가능하다. 그런데도 파격적인 금액으로 매수한 이유는 슈레더가 가진 고객 리스트에 있다고 본다.

예전에 슈레더의 오너인 프레드 슈레더(Fred Schrader)가 초대된 디너에 참석했는데, 거기에는 상당한 부유층들이 자리를 함께했다. 슈레더의 열성팬이라는 유명한 의사는 슈레더의 와인만 보관하는 거대한 셀러를 자택에 완비하고, 셀러의 문에 슈레더의 마크를 붙일 정도로 열광적이었다.

이렇게 열광적인 부유층 고객을 가진 슈레더는 6천만 달러 이상의 보이지 않는 자산 가치가 있으며, 컨스텔레이션 브랜드는 거기에 매력을 느꼈을 것이다.

슈레더 이외에도 이런 열광적인 팬을 거느린 캘리포니아의 와이너리가 많기 때문에, 앞으로도 대기업에 의한 대규모 매수가 이루어질지도 모른다.

엘리트들도 주목하는 다양한 와인 비즈니스

대규모 M&A 이외에 와인 관련 소품에도 투자가 모이고 있다. 코르크를 뽑지 않고 와인을 따를 수 있는 획기적인 도구 「코라빈(Coravin)」에는 6430만 달러의 투자가 모였고, 현재는 세계 각국에서 판매되고 있다.

또한 현역 금융 종사자나 유명 IT기업의 경영진, 하버드대학 MBA 취득자, MIT 학생 등 와인 사업에 장래성이 높다고 전망한 엘리트들도 와인 관련 비즈니스를 시작하고 있다. 온라인 와인 판매, 와인 어플리케이션 개발, 회원제 와인 클럽, 와인 관련 도구 등 다양한 분야에서 새로운 와인 비즈니스가 탄생하고 있다.

「셀라 트래커(Cellar Tracker)」라는 와인에 대한 방대한 데이터베이스를 다루는 평가 사이트도 그 중 하나다.

창업자는 하버드대학을 졸업하고 마이크로소프트에 입사한 뒤 와인을 너무 좋아한 나머지 2003년에 셀라 트래커를 만들었다.

단순히 취미의 일환으로 데이터 프로그램을 개발했는데, 금세 유저수가 100명을 넘고 6만 병에 이르는 데이터가 등록되면서, 2004년에는 본격적으로 셀라 트래커의 비즈니스를 시작했다.

이제는 그 방대한 데이터량과 SEO(Search Engine Optimization, 검색엔진 최적화)로 어떤 와인 이름을 검색해도 반드시 검색 결과가 상단에 뜨는, 와인 애호가라면 반드시 유저로 등록하는 사이트가 되었

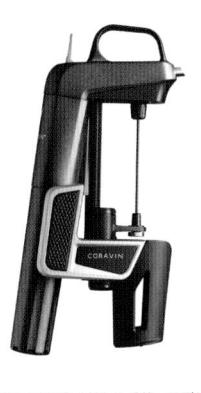

코르크를 뽑지 않고 와인을 따를 수 있는 코라빈. ⓒJGuzman

다. 현재 유저수는 53만 명 이상이며, 와인 종수는 약 260만, 테이스팅 코멘트는 740만 건을 자랑한다(2018년 기준).

또한, 온라인에서 고급와인을 거래하는 런던의 Liv-ex(London International Vintners Exchange)사는 고급와인 100종과 5대 샤토 50종 등 투자 포트폴리오에 편입되는 와인의 거래 가격을 지수화하여 그 추이를 발표하고 있다.

나스닥과 뉴욕 다우지수와의 비례나 경제적 배경 등으로 와인 가격이 크게 좌우되는 것을 숫자로 자세히 나타내기 때문에, 전 세계 와인 관계자는 Liv-ex의 정보를 매일 체크하고 있다.

Liv-ex의 창업자 2명도 원래는 투자와 파이낸스 관련 일에 종사했는데, 그 장래성을 내다보고 와인 비스니스로 선업하였다.

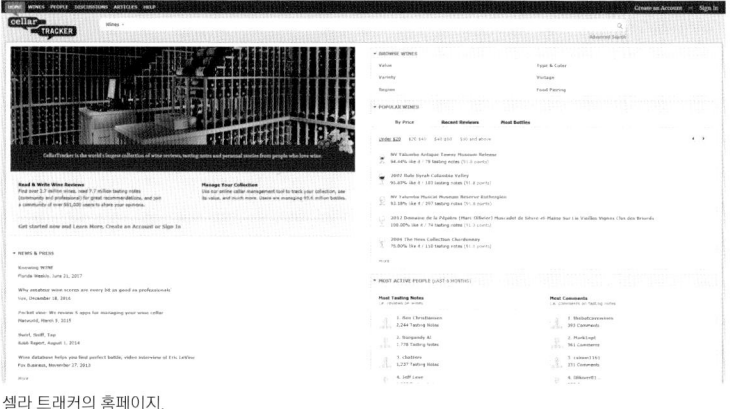

셀라 트래커의 홈페이지.

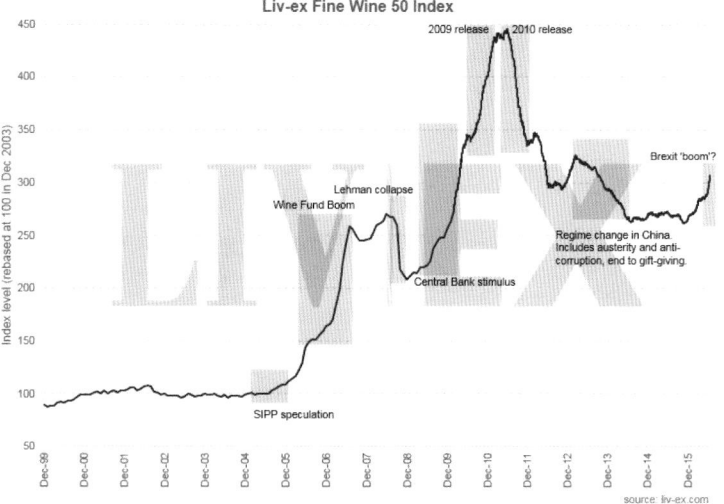

Liv-ex사가 제공하는 차트. 이 차트에서는 리먼 쇼크 등의 대형 사건과 와인 가격의 관계를 보여준다.

와인의 수요성과 희소성에 주목하여 자사 브랜드를 높이는 기업도 등장하였다. 아랍에미리트의 두바이를 본거지로 하는 에미리트 항공은 그 가치를 일찍이 발견한 기업 중 하나다.

에미리트 항공이 고급와인 구입에 진출한 것은 2006년이었다. 그해 에미리트는 6억9천만 달러를 투입하여 와인 120만 병을 구입했다. 에미리트는 와인 220만 병을 보관할 수 있는 거대 셀러도 완비하여 승객에게 연간 1140만 병의 와인을 제공할 수 있게 되었다. 2006년이라면 와인업계에서 공전의 고급와인 붐이 일었던 시기인데, 중국시장이 열리기 전이어서 타이밍으로는 좋은 시기에 와인 투자를 시작했다고 할 수 있다.

게다가 2014년에 에미리트는 새로이 5억 달러를 투입하여 향후 10년의 고급와인 장기구입 계획을 발표하였다. 에미리트는 이미 고급 보르도 와인을 많이 보유하고 있었지만, 앞으로는 보르도 프리뫼르를 더 강화하고, 장기 숙성을 거친 희귀 와인과 기내식의 마리아주를 승객에게 제공하겠다는 것이다.

구입 자금을 서둘러 회수할 필요가 없다면, 에미리트처럼 와인을 어린 시기에 구입하여 오래 잠재우는 것이 이상적인 투자 스타일이다. 와인은 갑자기 오래된 것으로 만들 수 없는 상품이기에, 수십 년 뒤에는 가치가 높은 와인이 될 것이다. 언젠가는 에미리트 기내 밖에서는 마실 수 없는 와인이 나올지도 모른다.

그리고 2015년에는 1억4천만 달러에 상당하는 1300만 병 이상의 뉴월드 와인(오스트레일리아, 뉴질랜드, 캘리포니아 등의 와인)을 구입하여, 확대하는 노선에 맞추어 다양한 와인을 갖추는데 노력하고 있다. 앞으로도 에미리트 항공이 자랑하는 와인 프로그램은 더욱 충실해질 것이다.

와인업계에 충격을 던진 루디의 위조 와인 사건

이렇게 와인 비즈니스와 투자가 열기를 보이는 가운데, 돈냄새가 나는 곳에 반드시 나타나는 것이 남을 속여 돈을 벌려는 사람들이다. 예전에는 이탈리아의 인기 와인 키안티가 조악한 와인으로 골머리를 앓았고, 중국시장이 번성할 때도 많은 위조 와인이 나돌았다.

2012년에도 와인업계를 뒤흔든 큰 사건이 있었다. 미국의 와인 애호가인 루디가 일으킨 위조 와인 사건이다.

루디가 경매장에서 눈에 띄기 시작한 때는 2001~2002년 무렵이었다. 낙찰자의 대부분이 백인 남성이었던 당시, 호기롭게 낙찰을 반복하는 아시아계 루디는 많은 주목을 받았다.

루디의 존재가 부각된 것은 앞서 말한 2004년에 열린 도리스 듀크 옥션이다. 매체들이 북적거리는 경매장에 유럽 스타일의 고급 양복을 입은 루디가 당당히 나타나 많은 보석 같은 경매품을 차례차례로 낙찰해갔다. 그 모습에서 누구나 그를 진짜 수집가로 믿어 의심치 않았다.

　루디는 늘 냉정했으며 결코 신원을 밝히는 일 없이, 언제나 미스테리한 분위기를 자아냈다. 하지만 반면에 BYOB(Bring Your Own Bottle) 모임에서는 로마네 콩티나 희귀 와인을 참석자들에게 대접하며 교류를 돈독히 하는 일면도 있었다.

　아낌없이 고급와인을 대접하는 그의 모습 때문에 옥션 스태프들 사이에서 「루디는 대부호의 아들 같다」는 소문이 돌았을 정도였다. 그러나 지금 생각해보면 그때 가져온 와인도 위조였을지 모른다.

　이렇게 루디는 와인 친구의 범위를 넓히고 차근차근 신망을 쌓아 위조 와인의 판매망을 늘린 것이다.

루디는 많은 경매회사로부터 프리 옥션 디너(경매 전날 열리는 초대 고객 전용 디너. 고급와인이 많이 대접된다)에 초대되었기 때문에 진짜 맛을 잘 알고 있었다. 그 경험으로부터 루디는 값싼 와인을 오래된 로마네 콩티풍, 90년대 슈발 블랑풍, 앙리 자이에풍으로 표현할 수 있었을 것이다.

　체포 후 발표된 FBI 보고서에서 루디의 위조 와인 레시피가 밝혀졌는데, 그는 값싼 칠레 와인에 오래된 보르도 와인을 블렌딩하여 허브를 잘게 썰어 넣고, 숨은 맛으로 간장을 몇 방울 떨어뜨렸다고 한다. 이런 방법으로 와인 전문가도 속인 페이크 고급와인이 완성되었다. 위조하는 와인에 맞추어 칠레 와인을 캘리포니아 와인으로 바꾸기도 하고, 미묘하게 블렌딩과 허브를 조절하기도 했다.

루디가 라벨을 만드는 데 가장 애를 먹은 와인은 페트뤼스(Petrus)였다고 한다. 페트뤼스는 특수종이에 특수인쇄를 하고, 또 몇 년에 한 번씩 디자인을 미묘하게 바꾸고 있다. 루디가 고향인 인도네시아 현지에서 감촉과 색깔이 비슷한 종이를 조달하여 비밀리에 이 페트뤼스의 위조 라벨을 인쇄한 사실도 밝혀졌다.

또한 진짜 와인병에 조합한 가짜 와인을 채워 넣기도 했다고 한다. 지금 생각하면 프리 옥션 디너나 실제 경매 중에 접대되는 진짜 와인의 빈 병을 가져갔는지도 모른다.

이렇게 해서 루디는 위조 와인 제조에 박차를 가했다. 2006년에는 뉴욕에서 루디의 싱글 오너 컬렉션이 열려 이틀 동안 약 2600만 달러의 매상을 기록했다.

하지만 이 무렵부터 루디의 와인에는 가짜가 많다는 소문이 자주 들렸다. 실제로 2007년 루디가 크리스티스에 출품하려던 1982년산 르팽(Le Pin)은 위조로 판명되어 경매 이틀 전에 취소되었다.

2008년에는 부르고뉴의 제조자 도멘 퐁소(Domaine Ponsot)의 「클로 생 드니(Clos Saint Denis)」를 1945~1971년산의 버티컬 로츠(Vertical lots)로 출품했다. 버티컬 로츠란 같은 와인의 다른 빈티지를 모아 출품하는 것으로, 희귀한 퐁소의 버티컬 애호가를 노린 출품이었다.

그러나 이 출품이 루디가 추락하는 시발점이 된다. 그의 출품에 대해 퐁소의 당시 오너인 로랑 퐁소로부터 「1982년산이 최초 빈티지이

루디가 만든 위조 와인의 일부.
아마추어의 눈으로는 그 진위를 판별하기가 어려울 정도로 교묘하게 만들었다.

며, 출품된 45~71년산은 존재하지 않는다」라는 클레임이 들어온 것이다.

　게다가 그 직후, 미국의 대부호 윌리엄 코크(William Koch)가 경매에서 구입한 루디의 출품 와인 1947년산 페트뤼스, 1945년산 뮈지니, 1934년산 로마네 콩티의 진위를 가리는 소송을 제기했다.

　마침내 2012년 3월 8일 아침, 캘리포니아 자택에서 루디가 체포되었다. FBI가 들이닥친 루디의 집에서는 비좁세 늘이신 고급와인의 빈 병을 비롯하여, 인도네시아에서 인쇄한 라벨, 코르크, 스탬프, 꼼꼼하게 기록한 거래 내역 등이 발견되었다고 한다. 루디에게는 10년 금고형이 선고되었고, 미국 전체를 뒤흔든 위조 와인 사건은 막을 내렸다.

이 사건으로 위조 와인을 판매한 경매회사도 크게 신뢰를 잃었다. 이 교훈을 살려 현재는 어느 경매회사든 진위에 조금이라도 의심이 가는 와인은 절대로 출품을 인정하지 않게 되어 있다.

뉴욕에 본사가 있는 경매회사 「자키(Zachys)」에서는 FBI도 인정하는 와인감정가를 고용하여 와인의 진위를 한 병 한 병 주의 깊게 확인할 정도도. 또한 빈 병을 가지고 돌아갈 수 없도록 다 마신 와인병 라벨에 낙서를 하여 재사용 방지에도 노력하고 있다.

아이러니하게도 위조 와인을 유통시킨 루디에 의해 경매회사는 보다 신뢰할 수 있는 체제가 마련되었다.

일본은 위조 와인의 온상이었다!?

루디의 와인이 위조라고 증언한 사람은 와인업계의 셜록 홈즈라 불리는 와인검증 전문가 모린 다우니(Maureen Downey) 여사였다. 그녀에 따르면 루디는 위조 와인으로 약 1300억 원이나 되는 떼돈을 벌었다고 한다.

그리고 그 피해는 여전히 확산되고 있다고 한다. 루디가 만든 위조 와인 중 6500억 원 상당이 아직 세상에 나돌고 있기 때문이다. FBI가 회수한 위조 와인은 극히 일부에 불과하며, 많은 위조 와인은 아직까지 행방이 묘연하다고 한다.

미국과 유럽에서는 루디의 체포 뉴스가 연일 크게 보도되어, 희귀 와인에 덤벼들던 수집가들은 내력이 확실치 않은 와인 구입을 꺼리게 되었다.

그래서 갈 곳 잃은 6500억 원 상당의 위조 와인이 아시아로 흘러들었다. 루디의 위조 와인이 중국에 대량으로 유입되었다고 여겨졌으나, 중국에서는 이미 자국에서 조악한 위조품이 제조되고 있어 내력과 경위가 애매한 와인에 대한 경계심이 심어져 있었다.

여기서 주목 받은 곳이 일본이다. 모린 다우니 여사는 루디의 위조 와인이 대량으로 일본에 들어왔을 거라 추측했다. 그녀는 위조 와인에 대한 의심이 약한 일본시장을 염려하고 있었다.

실제로 나도 1934년산 로마네 콩티를 위조한 와인을 일본에서 본 적이 있다. 1934년산 로마네 콩티는 2004년에 열린 도리스 듀크 경매에서 주요 물품으로 출품되어 내가 몇 번이나 손에 들고 살펴보았기 때문에 그 진위를 금세 알 수 있었다. 분명 루디가 만든 위조 와인과 같은 라벨이 사용되었고, 코르크를 덮어씌우는 밀랍부분의 만듦새가 상당히 조악했다.

그러나 실제로 진짜 와인병을 본 적이 없다면 위조라고 판단하기는 어려울 것이다. 특히 오래된 와인 라벨은 간단하게 모조할 수 있다. 인쇄 기술도 폰트도 복잡하지 않아서 빛바랜 듯한 색으로 인쇄하면 오래된 와인의 라벨로 보이기 때문이다.

당시의 라벨은 특별한 종이를 사용하지 않았기 때문에, 낡아보이도록 몇 차례 줄칼로 문지르고 오래되어 변질된 와인을 일부러 쏟아 얼룩을 묻히면 위조 라벨이 쉽게 완성된다.

코르크도 겉보기에 오래된 것을 사용하거나 코르크가 보이지 않게 밀랍으로 굳히면, 아마추어가 보기에는 그것이 가짜인지 알 수 없다. 진짜와 가짜를 비교하면 그 차이는 분명하지만, 위조 와인병만을 보고는 판단하기가 어려울 것이다.

일본에서 고급와인을 구입할 때는 아마추어의 눈으로 판단하는 것은 피해야 한다. 신뢰할 수 있는 와인숍에서 구입하거나 경매를 통해 구입하는 방법을 추천한다.

알아두면 좋은
와인 보관의 7가지 조건

와인을 보관할 때 다음 7가지가 중요하다.

1. 온도를 13℃ 전후로 유지한다.
2. 강한 빛을 피한다.
3. 습도를 60% 이상 유지한다.
4. 와인병을 옆으로 눕혀 놓는다.
5. 바람을 쏘이지 않는다.
6. 다른 냄새를 멀리한다.
7. 진동을 주지 않는다.

우선 중요한 것은 온도를 13℃ 전후로 유지하는 것. 온도가 너무 낮으면 와인 숙성이 늦어지고, 너무 높으면 와인 성분과 산화방지제가 화학 반응을 일으켜 와인이 변질된다. 또한 강한 빛도 와인 숙성을 앞당기기 때문에, 햇빛은 물론 형광등 빛에도 주의가 필요하다.

습도를 최저 60%로 유지하는 것도 중요하다. 습도가 너무 낮으면 코르크가 말라서 수축되고, 그 틈으로 공기나 박테리아가 들어가서 와인이 산화되거나 변질되기 때문이다. 와인을 보관할 때는 반드시 와인병을 눕히는데, 이 역시 코르크가 마르지 않도록 항상 와인과 접촉하기 위해서다. 또한, 바람이 닿으면 코르크가 건조해지므로 바람을 쏘이지 않는 것도 중요하다.

와인은 매우 섬세한 음료이다. 강한 냄새가 나는 것이 가까이 있으면, 코르크에 냄새가 배어 와인의 향이 변질될 수도 있다. 또한 진동에 의해서도 변질되므로 심하게 움직이지 않는 것도 중요하다.

이처럼 와인 보관에는 세심한 주의가 필요하다. 작은 와인 셀러는 20~30만원 전후로 살 수 있으니 이번 기회에 와인 셀러 구입을 검토해보면 어떨까.

미래를 책임질
기대가 큰 와인 생산지

왜, 프랑스의 일류 샤토는 「칠레」에서 와인을 만드는가?

최근 와인 신흥국으로 불리는 역사가 짧은 산지도 품질 향상이 눈부셔서 저렴하고 맛있는 와인이 생산되고 있다. 그 중에서도 특히 평가가 높은 것이 칠레 와인이다.

칠레에서 와인 양조가 발전한 배경에는 19세기 후반 유럽 산지를 덮친 포도해충(필록세라) 발생이 있다. 해충으로 와인 생산이 불가능해진 유럽 각국의 양조가들은 필록셀라의 피해를 입지 않은 토지를 찾아 신대륙 칠레로 건너갔다.

남북으로 길게 뻗은 안데스산맥의 경사나 골짜기에 펼쳐진 포도밭은 지형적으로 해충이 침입하기 어려워 칠레는 유일하게 필록세라의 피해를 입지 않은 산지였다. 해충 피해로 해외에서 건너온 많은 양조가와 현지인에 의해서 수많은 와이너리가 칠레에 설립되었다.

사실 와인 신흥국인 칠레에도 역사 깊은 와이너리가 많다. 하지만 그 양조 기술이 제대로 전수되지 않아, 품질 향상이 제대로 이루어지지 않았다.

또한 칠레에서는 값싼 인건비로 생산비를 줄여 저렴한 와인을 만들 수 있었지만, 일부 현지인들이 그 값싼 인건비를 이용하여 저품질·저가격의 와인을 대량 생산해버렸다. 그 결과 칠레 와인은 「싼 것=나쁜 것」이라는 이미지가 자리잡게 되었고 오랫동안 그 지위를 향상시키지 못했다.

특히 1990년대까지 칠레 와인의 입지는 결코 안정적이지 못했다. 칠레 와인의 큰 시장이었던 미국에서도 맛은 뒷전인 값싼 와인을 생산하기 시작하여 칠레 와인의 자리는 더 위태로워졌다. 와인의 진열에도 위계가 있는데, 당연히 칠레 와인은 별로 눈에 띄지 않는 구역에 적당히 놓여졌다.

그러나 칠레의 많은 와이너리는 넓은 포도밭과 거대한 판매망을 갖고 있었고, 그 가능성에 주목한 것이 프랑스의 명문 샤토다. 그들은 양조 기술이 부족한 칠레의 와이너리에 제휴를 제안하여 그 거대한 판매망으로 양질의 와인을 판매하기 위해 칠레에 진출하기 시작했다.

라필드 그룹으로 들어가게 된
로스 바스코스의 와인.

예를 들어, 1750년 창업한 칠레의 와이너리 「로스 바스코스(Los Vascos)」는 보르도의 5대 샤토 중 하나인 샤토 라피트 로쉴드(Château Lafite-Rothschild)의 라피트 그룹으로 들어가게 되었다. 보르도 샤토의 최고 기술을 지닌 새로운 칠레 와인이 탄생한 순간이다.

맛은 보르도의 1등급 샤토에 뒤지지 않는 고품질이면서, 가격은 보르도의 1/10 정도인 신생 로스 바스코스 와인은 그 좋은 가성비로 순식간에 인기에 불이 붙었고, 미국에서 폭발적인 인기를 자랑했다.

샤토 무통 로쉴드도 칠레 최대의 와이너리 「콘차이 토로(Concha y

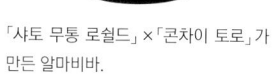

「샤토 무통 로쉴드」×「콘차이 토로」가
만든 알마비바.

Toro)」와 제휴하여 알마비바(Almaviva)를 생산했다. 무통은 이미 캘리포니아의 로버트 몬다비사와 합작한 벤처로 대성공을 거두었고 거기에서 생산된 와인이 앞서 말한 오퍼스 원(Opus One)인데, 그 2탄으로 칠레의 노포 와인회사와 손을 잡고 알마비바를 탄생시켰다. 보르도 품종의 카베르네 소비뇽을 메인으로 한 프랑스 샤토와 칠레의 합작 프리미엄 와인은 판매 호조로 지금은 옥션에 출품되는 고급와인 대열에 들어섰다.

이렇게 90년대 후반에 프랑스의 명문 샤토가 칠레에 진출하면서

「싼 것＝나쁜 것」이라는 칠레 와인의 이미지는 서서히 「잠재력 높은 산지」라는 긍정적인 이미지로 바뀌어갔다.

그 후 칠레에는 많은 자본이 유입되어 품질 개선과 신생 와이너리 설립이 이어졌다. 그리하여 칠레 와인의 나쁜 이미지는 불식되고 「싸고 맛있다」는 이미지가 자리잡은 것이다.

싸고 맛있다고 소문난 칠레 와인이지만 일본에서 칠레 와인이 특히 싼 이유는 칠레 와인의 관세가 낮기 때문이다. 일본에서 와인을 수입하려면 15% 정도의 관세가 들지만, 칠레는 2007년 일본과 체결한 EPA(Economic Partnership Agreement, 경제협력협정)에 따라 단계적으로 관세를 내렸고 2018년 1.2%, 2019년에는 관세 0%가 되었다.

이 때문에 일본에서는 칠레 와인의 수입이 급증하여 2016년에는 프랑스와 이탈리아 와인을 제치고 수입량 1위를 차지하였다. 일본에서 수입와인 1위인 산타 헬레나(Santa Helena)사의 「알파카(Alpaca)」나 콘차이 토로사의 「선라이즈(Sunrise)」 등 저렴하면서도 안정된 품질을 유지하는 와인이 와인숍, 슈퍼마켓, 편의점 등에 진열되어 인기를 얻고 있다.

칠레 와인 중에서도 특히 저렴하고 맛있기로 유명한 와인은 「코노 수르(Cono Sur)」일 것이다. 1993년 설립된 코노 수르는 신흥국다운 새로운 발상과 기술로 혁신적인 와인 제조를 지향했다. 최대한 가격을 억제하고 품질을 높이면서도 캐주얼하게 즐길 수 있는 와인을 목표로 운영해왔다.

자전거 마크가 특징인 코노 수르의 라벨.

대량 생산형 와이너리로는 드물게 2000년에는 오가닉 농법 프로그램도 시작했다. 코노 수르는 포도밭을 자전거로 도는 철저한 의지를 보였고, 그 자전거는 코노 수르의 심벌이 되었다. 현재 코노 수르의 라벨에 자전거가 그려져 있다.

더욱이 코노 수르는 이「자전거」를 이용한 참신한 마케팅 전략으로 세계적인 브랜드로 발전해 나갔다.

코노 수르가 주목한 것은 프랑스에서 열리는 투르 드 프랑스였다. 별로 들어본 적이 없을지도 모르지만 총 관객수 1200만 명을 자랑하는, 올림픽과 월드컵에 이은 세계 3대 스포츠 경기대회 중 하나다.

선수들은 약 3주에 걸쳐 프랑스 국내 약 3,300㎞를 자전거로 달린다. 프랑스 각지의 포도밭을 라이더들이 주파하는 광경은 압권이어서 나도 매년 이 시기를 즐기려고 기대하고 있다.

투르 드 프랑스의 개최 규모, 미디어 노출, 세계적인 주목도가 엄청나기 때문에, 자전거가 심벌인 코노 수르는 이 지명도를 노렸다. 2014년에는 와인업계에서 유일하게 오피셜 스폰서가 되었고, 출발점인 그랑 데파르(Grand Depart, 스타트 스테이지)에서는 개막 전후에 다양한 프로모션 이벤트를 개최하고 있다.

2014년 코스는 영국 리즈에서 시작하여 캠브리지와 런던을 거쳐 프랑스로 들어오는 코스였는데, 그랑 데파르였던 영국에서의 코노 수르의 매출은 전년 대비 73.6%나 증가해 코노 수르의 전략은 훌륭하게 대성공을 거두었다.

덧붙이면, 칠레의 이웃나라 아르헨티나의 와인도 최근 자주 접할 수 있는 신흥국 와인이다. 칠레와의 국경에 이어져 있는 안데스산맥 기슭에 와인산지가 펼쳐진 아르헨티나에서는 칠레와 마찬가지로 해충이 잘 생기지 않아서 무농약으로 포도를 재배하는 와이너리가 많다.

또한 남반구에 있는 아르헨티나는 포도 수확과 와인 출하시기가 북반구와 달라서 이런 비즈니스적인 이점으로 1990년대에는 해외 자본이 유입되어 대량 생산이 가능한 근대적 양조시설을 확보했다. 지금은 생산량 세계 6위(2017년 기준)를 자랑하는 와인대국이 되었다.

아르헨티나 최대 산지는 멘도사 지방으로, 아르헨티나에서 만들어지는 와인의 2/3 이상이 이곳에서 생산된다.

아르헨티나의 주요 품종은 말벡(Malbec)이다. 말벡은 레드와인에 사용되는 다른 품종에 비해 색이 매우 진해서 얼핏 보면 중후한 맛이 상상된다. 그러나 실제로는 가벼운 맛이어서 겉보기와는 차이가 큰 품종으로도 유명하다.

부르고뉴를 능가하는 높은 잠재력!?
뉴질랜드 와인의 놀라운 실력

뉴질랜드도 역사가 짧은 와인산지 중 하나다. 뉴질랜드에서 와인산업이 발전한 계기는 1840년대에 영국의 식민지가 되어 포도밭이 개간된 데 있었다. 기후도 토양도 타고난 뉴질랜드는 양질의 와인 생산을 기대하면서 그 역사가 시작되었다.

하지만 2차세계대전 이후 뉴질랜드에서 물과 설탕을 첨가한 조악한 와인이 나돌았고 그로 인해 뉴질랜드 와인은 나쁜 이미지로 정착되고 말았다.

이런 이유로 뉴질랜드의 와인 양조는 오랫동안 침체되었는데, 1980년대에 국내 대형 와이너리가 만든 화이트와인(소비뇽 블랑 품종이 메인)이 세계 와인콩쿠르에서 우승하면서 뉴질랜드 와인의 가능성을 다시 보게 만들었다.

캘리포니아주 나파 등의 고급와인 산지에 비해 부동산이 훨씬 저렴한 뉴질랜드는 그 장래성을 인정받아 투자도 모여들었다. 세계 각국의 양조가들이 뉴질랜드에서 본격적인 와인 생산을 시작했고, 최근 20년 사이에 뉴질랜드 와인은 극적인 품질 향상을 이루었다.

최근에는 뉴질랜드의 레드와인도 주목을 받고 있다. 많은 연구자들이 뉴질랜드의 토양과 기후가 포도 재배에 적합하며, 특히 뉴질랜드의 피노 누아는 부르고뉴의 피노 누아를 넘어설 것으로 예측했다.

사실 피노 누아는 재배가 까다롭기로 유명하여 다른 와인 신흥국에서는 제대로 재배하지 못하는 상황이었다. 뉴질랜드는 그 재배를 성공시킬 만한 환경으로 그 기대가 컸다. 피노 누아를 사용한 초고급 와인이 로마네 콩티인데, 가까운 장래에 로마네 콩티와 같은 고급와인이 뉴질랜드에서 탄생할지도 모를 일이다.

이렇게 세계적으로도 평가받기 시작한 뉴질랜드 와인은 그 대부분이 해외로 수출된다. 예전에는 미국, 영국, 오스트레일리아가 주요 수출국이었지만, 지금은 와인 소비가 늘어난 아시아 각국으로도 수출이 늘어 아시아에서도 뉴질랜드 와인이 호평을 받고 있다. 뉴질랜드에서도 경제 상황이 좋은 아시아 각국으로의 수출을 확대하기 위해 투자를 더 모으고 포도밭을 확장하는 생산자가 늘고 있다.

또한 최근에는 뉴질랜드에 거주하는 일본인 양조가도 늘고 있다. 오가닉 농법과 자연주의를 고집하는 섬세한 와인을 양조하는 이들의

스크루 캡을 사용한 뉴질랜드 와인.

와인은 해외에서도 좋은 평판을 받는다고 한다.

참고로 뉴질랜드 와인은 고급와인이든 데일리 와인이든 그 대부분이 코르크가 아닌 스크루 캡을 적용하고 있다. 와인오프너 필요 없이 간편하게 즐길 수 있는 스크루 캡은 「코르크에 비해 맛이 떨어지지 않을까?」라고 생각하기 쉬운데 그렇지 않다.

스크루 캡이 나오기 시작했을 당시에는 「싸구려로 보인다」, 「변질되기 쉽다」, 「와인 페트병」이라는 부정적인 반응이 일어나 와인 애호가들이 하나같이 이의를 제기했지만, 실제로 사용해보니 그 정도로 나쁘지 않고 와인에 따라서는 스크루 캡을 적용해야 한다는 스크루 캡 추진파도 늘어나고 있다.

코르크파와 스크루 캡파의 논쟁에서 코르크파 주장은 숙성에 대한 지적이 대부분인데, 스크루 캡에서도 적당한 공기가 들어오고 나가기 때문에 천천히 숙성이 진행된다(장기숙성에는 부적합하지만).

스크루 캡파는 자원 낭비와 코르크 부쇼네(코르크에 붙은 박테리아에 의한 산화)를 든다. 전 세계 와인 중에 코르크 때문에 산화되는 것이 3~7%라고 알려져 있기 때문이다.

단, 고급와인은 코르크에 의한 부패가 없도록 비싼 코르크를 사용하기 때문에 좀처럼 부쇼네가 되는 경우는 없다.

중국인이 한결같이 탐내는 오스트레일리아 와인은?

그런데 이 스크루 캡을 세계에서 처음으로 사용한 와인이 오스트레일리아 와인이라는 사실을 알고 있는가?

오스트레일리아도 뉴질랜드와 마찬가지로 영국으로부터 포도를 들여온 나라다. 2차세계대전 이후 포도 재배와 와인 양조 지식을 가진 프랑스, 이탈리아, 독일의 이민자가 증가한 오스트레일리아는 신흥 와인대국으로의 걸음을 꾸준히 밟아, 19세기 후반부터는 본격적인 와인 양조를 시작했다.

서서히 와인산업을 성장시킨 오스트레일리아는 2017년에는 와인 수출량과 금액에서 사상 최고 기록을 세웠다. 수출액은 전년 대비 15% 늘었고, 수량은 8% 증가했다. 특히 중국에 대한 수출량이 63% 늘었으며, 1병에 200달러 이상의 와인은 67%나 증가했다.

수출 증가의 배경에는 2015년 자유무역협정에 따른 와인의 관세 인하가 있었다. 2019년에는 관세가 완전히 철폐되어 이 수치는 더욱 늘어났다.

오스트레일리아는 시라(Syrah) 품종을 사용한 와인이 주력인데, 그 중에서도 최고라 불리는 것이 펜폴즈(Penfolds)사의 「그랑주(Grange)」다. 1844년에 설립된 팬폴즈사는 영국에서 이민 온 의사가 사우스오스트레일리아주에 진료소를 설립한 것이 그 시초가 되었다.

원래 의료용 주정강화와인을 만들던 펜폴즈사는 나중에 일반 소비자용 와인으로 전환했고, 지금은 오스트레일리아 제일의 생산량과 지명도를 자랑하는 와이너리가 되었다.

그랑주는 첫 빈티지부터 수없이 높은 평가를 받았는데, 결정적인 평가는 2008년에 파커 포인트 100점을 받은 것이었다. 이를 계기로 그랑주의 인기는 단번에 높아졌다.

특히 중국시장에서 절대적인 인기를 끌어, 파커 포인트 100점을 받은 2008년산 그랑주는 행운의 상징으로도 인기를 얻었다. 중국인에게 2008년은 베이징올림픽의 해이며, 행운의 숫자 「8」도 붙는 특별한 숫자이다.

펜폴즈사가 만든 그랑주.

중국으로부터 그랑주와 관련된 엄청난 일화가 많이 들렸는데, 바카라게임으로 큰돈을 번 중국인이 19만 오스트레일리아달러(약 1억5천만 원) 어치의 그랑주 200여 병을 하룻밤에 다 마셔버렸다는 뉴스도 화제가 되었다. 또한 중국에서 위조 그랑주를 3,000케이스 팔아치워 50여억 원의 떼돈을 번 사건도 일어났다. 그 정도로 그랑주는 중국에서 인기를 누리고 있다.

중국 시장이 좋아하는 그랑주는 중국에서 비싼 가격에 유통되기 때문에, 요즘 영국이나 미국에서는 손에 넣기 어려워졌다.

와인업계의 유니클로 「옐로우 테일」의 혁신성

세상에는 약 3만 개의 와인 브랜드가 존재한다고 한다. 와인에는 생산년도(빈티지)가 있기 때문에 그 수까지 합치면 와인의 종류는 엄청난 수에 이른다.

그래서 와인시장은 경쟁이 치열한 레드오션 마켓이다. 소비자에게 선택 받기란 보통 일이 아니다. 확고한 입지를 확보하기 위해서는 다양한 전략이 필요하다.

와인에 정통한 사람을 타깃으로 한 고급와인 노선을 철저히 할 것인지, 또는 폭넓게 통용되는 테이블와인으로서 브랜드를 확립할 것인지. 각각의 와이너리가 날마다 다양한 전략을 짜고 있다.

하지만 그것 역시 보통 방법으로는 안 된다. 고집 있는 와인 애호가는 가격뿐 아니라 산지와 빈티지, 포도의 품종, 평론가나 평가사이트의 코멘트까지 고려하여 마음에 드는 1병을 선택한다.

또한 마음에 드는 와인을 발견해도 다른 와인을 선택하여 위험을 즐기는 것이 와인 애호가의 경향이어서, 변덕스러운 소비자의 마음을 붙들기가 쉽지는 않다. 단순히 가격 경쟁을 일관한다고 해도 결과적으로 다함께 망해버려 레드오션 시장에서 대기업에 먹히는 경우도 적지 않다.

그런 치열한 성생 속에서 미국의 수입 와인 No.1을 차지한 브랜드가 있다. 오스트레일리아에서 생산되는 「옐로우 테일(Yellow Tail)」이

왈리비 디자인이 특징인 옐로우 테일의 라벨.

다. 적당한 가격과 함께 늘 일정한 품질을 유지하는 옐로우 테일은 와인업계의 유니클로와 같은 존재로 폭넓은 팬을 갖고 있다.

옐로우 테일은 1957년 이탈리아 시칠리아에서 오스트레일리아로 이주한 필리포(Filippo)와 마리아 카셀라(Maria Casella) 부부에 의해 탄생했다.

옐로우 테일이 미국에서 넘버원이 된 요인은 「블루오션 전략」을 철저히 한 데 있다. 옐로우 테일은 「편안한 마음으로 즐겁게 마신다」는 콘셉트로 일관했고, 그때까지 와인의 주요 타깃이던 상류층이 아니라 맥주나 칵테일을 마시는 층으로 타깃을 겨냥했다.

포도 품종이나 숙성 등에 얽매이지 않고, 광고도 밝고 대중적인 이미지로 일관하여 「그저 심플하게, 가볍게, 즐긴다」는 콘셉트를 지속적으로 유지했다.

그 전략은 훌륭하게 들어맞아 2001년 처음으로 미국에서 옐로우 테일이 판매되었을 때, 당초 예정된 수를 훨씬 뛰어넘는 100만 케이스(1200만 병)의 판매량을 달성했다.

실제로 이 해부터 뉴욕의 델리에서도 옐로우 테일을 자주 볼 수 있었다. 뉴욕에는 편의점 같은 「델리」라는 24시간 영업하는 작은 슈퍼마켓이 있다. 전체적으로 낡고 어두운 가게가 많으며 잘나가는 상품이나 트렌드 상품을 진열하지는 않지만, 맨해튼 곳곳에 있어서 뉴요커의 대부분이 이용하는 생활밀착형 가게다.

나도 그때까지 맥주밖에 취급하지 않던 델리에서 와인을 본 것이 처음이었기에 옐로우 테일이 진열되었을 때를 잘 기억하고 있다. 옐로우 테일이 와인 애호가가 아닌 사람들을 타깃으로 한 전략은 분명했다.

짧은 기간에 급속도로 인기가 높아진 옐로우 테일은 2003년에는 전 세계에서 500만 케이스 판매를 달성했다. 2006년에는 1시간에 36,000병을 병입할 수 있는 세계에서 가장 빠른 생산라인을 도입하여, 2008년에는 매출이 1000만 케이스에 이르렀다. 그리고 지금은 전 세계에서 10억 병이나 소비되는 세계적인 브랜드가 되었다. 지금도 뉴욕 거리에 가면 왈라비를 디자인한 귀여운 옐로우 테일의 라벨이 어디서나 눈에 띈다.

일본 와인은 세계에 통용되는가?

현재 가장 핫한 와인으로 여겨지는 것이 중국산 와인 「아오윤(Ao Yun)」이다. 첫 빈티지가 2013년으로 역사가 짧지만, 2013년산 6병들이 나무상자가 곧바로 2017년 홍콩 경매에 출품되었다.

그 경매에서는 아오윤을 둘러싸고 중국인 바이어끼리 경합이 붙어 예상을 훨씬 뛰어넘은 280여만 원에 낙찰되었다. 스태프 모두 고액 낙찰가에 놀랐지만, 나는 중국인이 자국 와인을 두고 경쟁하는 모습에 놀랐다. 그때까지 필사적으로 프랑스 와인을 낙찰해온 사람들이 자존심을 갖고 중국산 와인을 낙찰하는 모습에 그들의 자부심이 느껴졌다.

아오윤은 중국 윈난성에서 생산된다. LVMH 그룹에 속해 있고, 그룹 최초의 중국산 와인으로 2009년에 그 비즈니스를 시작했다.

LVMH의 스태프와 관계자, 전문가들이 드넓은 중국 전역을 돌며 4년의 세월을 들여 발견한 레드와인에 최적인 땅은, 전설의 이상향 샹그릴라 근처로 티베트 자치구에 인접한 히말라야산맥의 기슭이었다. LVMH는 그 지역을 이상적인 테루아로 판단하고 와인 양조를 시작하였다.

고급 중국산 와인으로 화제를 모은 아오윤.

가장 높은 곳에 있는 밭이 표고 2,600m에 이르기 때문에 이동하는 차에 산소 봄베(Bombe, 고압기체 등의 수송과 저장에 사용하는 원통형 용기)를 싣고 밭으로 향하는 등 그 환경은 가혹하다. 또한 밭이 있는 히말라야산맥 기슭에서 샹그릴라시까지는 4~5시간이 걸리므로 오랜 시간 와인을 운반해야 한다.

이렇게 품이 많이 드는 와인이기는 하나 미국에서의 판매도 좋아서 앞으로의 움직임이 주목된다.

또한 같은 아시아인 일본 와인도 최근 눈부신 진보를 이루고 있다.

몇 년 전만 해도 일본 와인은 「맛이 희미하다」, 「향이 없고 묽다」는 형편없는 평가를 받았으며, 해외 평론가로부터도 혹평 일색이었다. 일본 요리의 담백한 맛에 어울리는 가벼움이 세일즈 포인트였지만, 묵직한 맛에 익숙한 해외 평론가들은 어딘가 모자라게 느꼈다고 한다.

또한 해외에서 수입한 포도나 농축 과즙을 사용한 와인을 제조·판매하는 등 그 품질도 결코 좋다고 말하기는 어려웠다.

나도 예전에 「무첨가」, 「유기 재배」라고 큼지막하게 라벨에 적힌 저렴한 일본 와인을 마신 적이 있는데, 명백하게 인공착색료를 사용한 인위적인 맛이어서 「오가닉 와인」으로 오해하게 만든 표기의 허술함이 당혹스러웠다.

그러나 이런 일본 와인의 사정이 최근 크게 개선되었다. 일본에서도 2015년에 와인의 품질과 브랜드를 지키는 기준이 정해져, 2018년 10월부터 그 기준이 적용되고 있다. 오래 전부터 와인법이 제정되어 있던 해외 산지에는 상당히 뒤처졌지만, 이제야 세계에 통용될 와인 양조 환경이 마련되었다고 할 수 있다.

지금까지는 수입 포도를 사용해도 「국산 와인」으로 표시할 수 있었지만, 앞으로 「일본 와인」으로 표기하려면 100% 일본 국내 포도를 사용해야 한다. 또한 라벨에 산지를 기재할 때도 그 지역에서 키운 포도를 85% 이상 사용한 경우로 한정된다. 와인 전통국이 걸어온 길을 일본도 점차 걷기 시작한 것이다.

그런 미래가 밝은 일본의 최대 와인 생산지는 야마나시현이다. 크고 작은 와이너리가 80개 정도 있고, 일본 와인의 약 30%가 이곳에서 생산된다. 야마나시현 중에서도 특히 유명한 산지가 「고슈(甲州)」로, 메이지시대부터 와인 양조가 이어져온 지역이다.

고슈에서 탄생한 일본 토착 품종으로 「고슈 포도」가 있는데, 원래 이 포도는 개성이 없고 당분을 얻기 힘든 품종으로 알려져 왔다. 하지만 최근에는 포도 재배 기술과 양조법이 개선되어 고슈 포도의 개성을 이끌어낸 훌륭한 와인이 만들어지고 있다.

고슈에 한정하지 않고 일본 특유의 장인정신을 구사하면, 일본 와인의 품질이 점점 높아져 해외 유수의 와인과 동등한 풍미를 만들어낼 수 있지 않을까 생각한다.

다만, 일본 와인이 세계에서 인정받으려면 일본 국민의 지지도 필요하다. 자국에서 와인을 소비하지 않으면 그 문화는 꽃피지 않는다. 부디 앞으로는 해외 와인뿐 아니라 자국 와인에도 관심을 가져주기를 바란다.

와인의 비즈니스 매너

1. 건배할 때는 글라스를 닿지 않게 한다

건배할 때 글라스를 부딪칠지의 여부는 사용하는 와인글라스에 따라 다르다. 비즈니스 디너나 격식 있는 자리에서는 섬세하고 얇은 글라스를 사용하는 경우도 많으므로, 기세 좋게 부딪치다가 깨트리는 일이 없도록 글라스를 닿지 않게 하는 편이 무난하다. 섬세한 글라스는 약간의 충격에도 깨질 수 있다.

다만, 글라스를 부딪쳐 소리를 내야「행운이 온다고」생각하는 나라도 있다. 주최자가 글라스를 부딪쳐 건배한다면 그대로 따라하는 것이 좋다.

2. 와인글라스를 더럽히지 않는다

글라스를 들 때는 스템(다리) 부분을 잘 잡자. 고급 글라스는 매우 얇고 섬세하다. 글라스의 볼 부분을 잡아서 깨끗한 크리스털에 지문을 묻히거나 더럽히는 것은 매너에 어긋난다. 또한, 볼을 움켜잡고 마시면 상대방에게 불쾌감을 주므로 우아하게 마시도록 신경 쓰자.

식사와 함께 와인을 마실 때는 먹은 음식이 글라스에 묻지 않도록 주의하자. 특히 기름진 음식을 먹었을 때는 반드시 냅킨으로 입을 닦은 후 와인을 마시도록 하자. 글라스의 입 닿는 부분이 지저분해지면 냅킨으로 살짝 닦아내자. 여성의 립스틱이 글라스에 묻는 것도 보기에 좋지 않다.

3. 향을 즐기는 여유를 갖는다

와인을 마실 때는 글라스를 2~3번 돌려 향을 즐기면서 마시는 습관을 들여보자. 향을 즐긴 후에 천천히 맛을 음미하는 것도 매너 중 하나다. 맥주를 마시듯 벌컥벌컥 마셔버리면 모처럼의 와인이 아무 의미가 없어진다.

4. 글라스 가득 와인을 따르지 않는다

손님에게 와인을 따를 때는 주최자 역할의 남성이 있다면 그가 따르도록 하는 것이 좋다. 레드와인의 경우에는 글라스에 한가득 따르지 않는다. 찰랑찰랑하게 따르면 글라스를 돌리기 어려워진다. 큰 글라스라면 글라스의 절반 이하로 따르는 것이 좋다. 큰 글라스는 보르도나 부르고뉴 등의 고급와인용일 때가 많으므로, 조금씩 따라 천천히 맛을 음미하며 마신다.

화이트와인의 경우에는 와인의 품질과 빈티지에 따라 달라지는데, 보통은 글라스를 돌려 공기와 접촉시킬 필요가 없으므로 적당량을 따른다. 플루트 글라스에 샴페인이나 스파클링와인을 따를 때는 글라스 가득 따라도 괜찮다.

5. 서둘러 첨잔하지 않는다

와인은 공기와 접촉시키면서 향과 맛의 변화를 즐기는 음료다. 조금 줄었다고 해서 바로 따라서 첨잔하지는 말자. 특히 공기와 접촉시키면서 변화를 즐기는 레드와인에 자꾸 와인을 추가하는 것은 생각해볼 문제다. 화이트와인도 차가운 와인을 더 부으면 온도가 바뀌어 맛이 달라져버린다.

다만, 손님의 글라스를 빈 채로 놔두는 것도 매너에 어긋나므로, 손님이 와인을 마시는 속도를 배려하면서 타이밍 좋게 더 따르도록 하자.

6. 술을 잘 마시지 못한다면

손님으로 초대받았을 경우, 와인에 약하다면 의사를 전달하여 와인을 조금만 받도록 하자. 글라스를 채우고 남기면 매너에 어긋난다. 주최자가 2번째 잔을 따라주려 할 때도 이미 충분하다면 글라스를 손으로 덮는 제스처로 거절하도록 한다.

7. 와인을 고를 때는 모두의 의견을 듣는다

만약 당신이 와인을 고르는 역할을 맡았다면 우선 모두의 취향을 물어보자. 레드인지 화이트인지는 물론, 더 구체적인 취향도 들었으면 한다.

화이트라면 산미가 있는 것과 달콤한 것 중 어느 쪽을 좋아하는지, 레드라면 무거운 것과 가벼운 것, 타닌이 많은 것, 올드월드와 뉴월드, 오래된 빈티지와 최근 빈티지 등 어떤 취향인지를 묻고 식사 내용도 고려하여 선택한다.

다만 오래된 빈티지를 고르는 것은 위험 부담이 크므로, 자신이 없다면 최근 빈티지를 선택하는 편이 무난하다. 왜냐하면, 오래된 빈티지는 어떻게 숙성되었는지 예상하기 어렵기 때문이다. 보존 상태나 내력에 따라서도 변화가 크기 때문이다. 또한 디캔터가 필요할 수도 있고, 마시는 타이밍에 따라서도 풍미가 크게 달라진다.

취향을 들었다면 예산에 맞는 와인을 스스로 2, 3종류 골라 그 중에 어떤 와인이 추천할 만한지 소믈리에와 상담하는 것도 좋다. 자신의 경험과 지식을 쌓기 위해서라도 소믈리에에게 다 맡기지 말고 직접 골라보기를 추천한다. 자신이 엄선한 와인의 맛은 잊지 못하는 법이다.

8. 테이스팅은 맛을 확인하는 것이 아니라 품질 체크

선택한 와인을 테이스팅할 때는 맛있는지의 여부가 아니라 상태를 확인하기 위한 것임을 알아두자.

최근 빈티지의 와인이라면 색과 향으로 판단하고, 찬찬히 테이스팅할 필요는 없다. 어린 와인은 밝은 루비색이나 진홍색으로 색깔이 뚜렷하고 투명한데, 품질에 문제가 있는 경우에는 색이 탁하다. 향도 호불호가 있겠지만 문제가 없다면 불쾌한 냄새가 나지 않는다.

오래된 와인의 경우에는 산화되었는지의 여부를 확인한다. 변질되거나 산화된 와인은 확실히 향도 맛도 불쾌하므로 바로 알 수 있을 것이다. 판단하기 어려우면 소믈리에에게 확인하게 하고 판단을 맡기자.

Epilogue

마무리하면서

현재 변호사를 위한 와인 세미나를 매달 1~2회 열고 있다. 이 모임에서는 매번 테마를 정하여 와인에 대한 기초 지식부터 와인 투자, 옥션의 뒷이야기까지 비즈니스나 사교 자리에서도 활용할 수 있는 다양한 내용을 포함시켜 전달하고 있다.

미국과 한국에서 온 손님이 참석하는 모임에서는 본문에도 등장한 캘리포니아 vs. 프랑스의 블라인드 테이스팅을 기획하여 재현했다. 그 모임은 대성황을 이루어 국경을 넘은 동료 의식이 싹텄는데, 와인이 지닌 힘을 다시금 확인할 수 있었다.

또한, 정기적으로 와인 애호가가 모이는 「와인부」라는 모임도 열고 있다. 직종, 나이, 성별, 국적에 관계없이 와인으로 네트워크를 넓혀 비즈니스나 개인생활에 활용하기 위한 모임인데, 여기에서도 와인이 맺어주는 인연으로 다양하고 풍성한 인간관계가 생겨서 다른 술과는 다른 와인의 신기한 힘을 느낄 따름이다.

어느 고객으로부터는「와인으로 부부관계의 위기를 극복할 수 있었다」는 감사의 말을 들은 적도 있다. 예전에 제가 그 고객에게 와인과 리델 글라스(Riedel Glass)의 관계를 알려주었는데, 그 고객은 매우 흥미로워하면서 다양한 글라스를 구입하였다.

　글라스에 맞추어 고급와인을 선택하게 된 고객의 자택에서는, 부인이 손수 그 와인에 맞는 요리를 매일 저녁 만든다. 그리고 요즘은 야경을 보면서 매일 저녁 부인이 만든 요리로 로맨틱한 저녁식사를 즐긴다고 한다. 고객은「매일 저녁 집에 돌아가는 게 즐거워요」라고 기쁜 듯이 말씀하셨다.

　오랫동안 와인과 관계된 일을 하면서 와인이 지닌 이런 불가사의한 힘에 압도될 뿐이다. 비즈니스는 물론 개인적인 관계에 이르기까지 같은 와인을 함께 나누고 이야기하면서 신기하게도 새로운 교류가 생기고 관계가 깊어졌다.

　이 책에서는 와인에 대한 기초 지식뿐 아니라 다양한 각도에서 와인을 소개하고 있다. 지금까지 와인을 전혀 몰랐던 사람도 이 책을 통해 와인을 보다 친근하게 그리고 재미있게 느끼게 되지 않을까 생각한다.

　이 책이 초보자에게는 와인에 흥미를 갖는 계기가 되고, 중급자에게는 와인을 더 깊게 알고 싶어지는 계기가 된다면 이보다 더 기쁜 일은 없겠다. 아울러 여러분에게도 와인을 통한 멋진 인연이 생기기를 바란다.

마지막으로 이 책의 편집을 담당한 하타시모 유키 씨에게 감사드리린다. 많은 조언 덕분에 이 책을 완성할 수 있었다.

또한, 사진을 제공해준 다카무라 주식회사의 마쓰 마코토 사장님께도 깊은 감사를 드린다.

와타나베 준코

와타나베 준코 WATANABE JUNKO 지음

프리미엄와인 주식회사 대표이사. 1990년대 미국으로 건너갔다. 한 병의 프리미엄 와인과의 만남을 계기로 와인 세계에 발을 내딛는다. 프랑스에서 와인 유학을 하고 2001년 대형 옥션회사 「크리스티스」의 와인 부문에 입사. 뉴욕 크리스티스에서 아시아인 최초로 와인 스페셜리스트로서 활약. 옥션에 참가하는 세계적인 부호와 경영자에게 와인을 소개하는 가이드 역할을 했으며 일류 비즈니스맨을 대상으로 와인을 지도하였다.

2009년 크리스티스를 퇴사. 지금은 일본에서 프리미엄와인 주식회사 대표로 서양의 와인경매문화를 일본에 널리 알리면서, 아시아 지역의 부유층과 변호사를 대상으로 와인 세미나도 열고 있다. 2016년에는 뉴욕과 홍콩을 거점으로 하는 노포 와인옥션회사 자키(Zachys)의 일본 대표에 취임. 일본에서 와인위성경매를 개최하고, 와인 경매를 위한 출품·입찰과 고급와인 컨설팅 서비스를 하고 있다. 저서로는 『일본의 로마네 콩티는 왜 맛이 없을까』가 있다.

프리미엄와인 주식회사 http://premiumwine.co.jp/
와타나베 준코 공식 와인블로그 http://junkowine.com/
와인옥션회사 자키 http://auction.zachys.com/

강수연 옮김

이화여대 신문방송학과를 졸업한 뒤 10여 년간 뉴스를 취재하고 편집했다. 현재 도쿄에 거주하고 있으며, 바른번역 소속 번역가로 원작의 결을 살려 옮기는 번역 작업에 정성을 다하고 있다. 『가르치는 힘』, 『힘 있게 살고 후회 없이 떠난다』, 『좋아하는 일만 하며 재미있게 살 순 없을까?』, 『아이 셋 워킹맘의 간결한 살림법』, 『최강의 야채 수프』, 『제로 다이어트』, 『세상 쉬운 영어회화』 등을 기획, 번역했다.

본문사진협력_ 다카무라 와인하우스(p.43, 73, 77, 81, 100, 102, 105, 106, 135, 146, 148, 150, 159, 230, 231, 233, 237, 239), Zachys(p.34~38, 46, 48, 50, 70, 71, 74, 82, 93, 97, 133, 139, 141, 166, 190, 192, 196)

교양으로서의 와인

펴낸이 유재영 | **지은이** 와타나베 준코 | **기획·편집** 이화진
펴낸곳 그린쿡 | **옮긴이** 강수연 | **디자인** 임수미

1 판 1 쇄 2020년 6월 30일
1 판 2 쇄 2022년 2월 15일

출판등록 1987년 11월 27일 제10-149
주소 04083 서울 마포구 토정로 53(합정동)
전화 02-324-6130, 324-6131
팩스 02-324-6135
E - 메일 dhsbook@hanmail.net
홈페이지 www.donghaksa.co.kr / www.green-home.co.kr
페이스북 www.facebook.com/greenhomecook

ISBN 978-89-7190-752-8 13590